ライブラリ　例題から展開する大学物理学❶

# 例題から展開する
# 力　学

香取眞理・森山 修 共著

サイエンス社

サイエンス社のホームページのご案内
http://www.saiensu.co.jp
ご意見・ご要望は　rikei@saiensu.co.jp　まで.

# まえがき

本書で学ぶ力学は，物理学の体系（力学，電磁気学，熱力学，統計力学，量子力学）を学ぶ上で，最初に通らなければならない関門である．しかし，それだけではなく，サイエンス全般を学ぶ上で必要となる論理とその応用を習得するための最も基本的な演習問題を与えてくれるものでもある．つまり力学はサイエンスを学ぶ上での必須科目なのである．

しかしながら，“物理” という言葉を聞いただけで拒否反応を示す学生が少なからず存在している．そのような学生の多くは，高等学校においては物理以外の化学，生物学，地学を理科の主たる科目として選択し，大学においては（とりわけ物理系の科目を必須としない医学や生命科学専攻などでは）大学初等課程で学ぶ機会があるにもかかわらず，力学，電磁気学，熱力学などの物理科目を極力避けて通ろうとするのが現状であろう．

“物理” が敬遠される原因に関しては諸説あるのだけれど，(1) 物理の問題を日本語から数式化し，数学を用いて解を導く手順の難しさにどうしてもなじめないことと，(2) 公式をひたすら覚えることの辛さ，の 2 点がその主たる原因になっていることは否定できないであろう．

本書の前半（第 1, 2, 3 章）は前者の原因 (1) に苦しんでいる読者を特に意識して執筆した．そのような人たちに共通するのは，力学は物体の落下など身近な現象をとり扱うがゆえに，落下現象に対する性質や速度の定義などに対する誤解が正しい理解の妨げとなっていることと，質点の導入や空気抵抗や摩擦の無視といった物理学の “お作法” の基礎となっている精神（こころ）になじめていないことである．その結果，“物理アレルギー” が生じているのである．本書の前半は，この “物理アレルギー” をとり去ってもらうことに注力している．そこがうまくいけば，力学のみならず電磁気学や熱力学といった物理学全般を学ぶための基礎体力・知識作りが完了したといってもよい．

本書の中盤以降では，一見すると難しく思える問題も扱っているが，十分な量のヒントを与えているので，がんばって挑戦してほしい．そのような問題も冷静に考えてみれば，単純明快であるということが必ず理解できるはずだ．

本書の最大の特徴は，読者が例題を解きながら，物理学の考え方を身につけていくことができることである．学習の流れは通常，学校で習うときは「講義を受けた後に演習を行う」であり，教科書を読んで学ぶ場合は「解説を理解し，次に練習問題を解く」であるが，その逆のアプローチをとることになる．本書は力学の教科書の中では入門的であり，初心者向けである．何事においても，初心者は**目から（⇔ 解説を見る）ではなく，体（⇔ 演習を行う）で覚えていく**ものなのである．読者は例題の問題文を読み，考え，そしてペンをとって計算することにより，そこに埋め込まれている力学の本質と考え方を“利き腕”から吸収していくことになるであろう．

本書で扱う力学は「論理を学ぶための洗練された練習問題」を与えてくれる学問であり，本来は“文理”の区別なく学ぶべきものであると考える．しかしながら，深い理解を得るためには，サイエンスを語るための言語である数学の知識がどうしても必要になってくる．特に，微分積分の知識がなければ，力学から得られる知識が限定的なものになるだけでなく，その本質が見えにくくなってしまう．そこで，本書は「高校で微分積分を学んでいる人」を対象読者として執筆した．それでも，微分積分の原理さえ理解していれば，本書を読む準備としては十分である．必要となる数学は本書の中で発展的に解説してある．また力学そのものについて必要な事前知識は，力はベクトルであるということと，ニュートンの運動方程式 $\boldsymbol{f} = m\boldsymbol{a}$ のたった 2 つだけである．物理が敬遠される原因の 2 番目に述べた「公式をひたすら覚える」などということは一切必要なかった，ということを本書を読了された方は理解することになるだろう．

本書の出版にあたり，サイエンス社の田島伸彦氏および足立豊氏に大変お世話になった．心より感謝する．

2017 年 4 月

香取眞理　森山 修

# 目　　次

# 例題の構成と利用について

## 導入 例題

身近な話題をとり上げながらも，物理学を使いこなすために知っておかなければならない法則，概念，基本公式などを問う問題である．本書で描かれるストーリーの導入役を担う．科学の発展史の中で我々の先人が解明した物理法則を問う設問に対しては，その法則のことを全く知らない読者はうまく答えることができないかもしれない．また，物理学における概念，考え方の本質を問う問題の中には，物理未習者にはどう答えてよいのかわからないものもあることだろう．このように【導入】例題は最初に登場する問題ではあるが，単純な問題ではないこともある．答え方がわからない場合は，解答を見ながら考えてほしい．【導入】例題は本質をついた最重要練習問題である．何が問われ，何を答えるべきか，その内容をよく咀嚼（そしゃく）することが大切である．

## 確認 例題

【確認】例題は，【導入】例題や本文中で既に定義や考え方が提示された題材に対する，最も簡単な練習問題である．本書の内容を理解しながら読み進むことができている読者は，【確認】例題を容易に解くことができるだろう．

## 基本 例題

【基本】例題は，本書における応用問題にあたるが，物理学全体の中では基本的・標準的な問題である．本書でそれまでに勉強した内容を思い出し，問題文中に記述されている状況をいくつかの数式に正しく翻訳することができれば，問題は解けたも同然である．【基本】例題を解くうちに，物理の問題を解くパターンが見えてくるはずである．

## 演習問題

各章末には演習問題として発展的な問題を課してある．巻末に解答を与えてあるが，まずは独力でチャレンジしてみてほしい．うまく解けないときにも，すぐに解答を見てしまわずに，本文中の例題や解説を読み直して，再チャレンジしてみよう．この作業には時間がかかるが，この反復により，探究心，さらには研究心が育まれるのである．

# 第1章 力学の基本，物理学の基本

力学は“もの”が「今どのような状態にあるのか」を正確に表し，「将来どうなるのか」を知るための方法を与えてくれる．まずは頭の中で，“もの”を置き，それを動かしてみることで，力学の基礎となる運動の法則とは何か考えてみることにしよう．何人かの読者は，この章を読むうちに「誤った先入観をもっていた」ことに気づくことだろう．そのときは，その誤解をここですっかり捨て去ってほしい．そうすれば，この章がおわるまでに力学を考えるときの“コツ”がつかめるはずである．

## 1.1 運動の第1法則（慣性の法則）

以下の問題を考えてみよう．

**導入** **例題 1.1**

ボウリングのボールと卓球のボールはどちらが速く落下するか．

**【解答】** 空気抵抗を考えなければ，同じ速度で落下する（**落下の法則**）． ■

歴史的には

- 古来より「重いものは軽いものより速く落下する」と思われていた
- ガリレオ ガリレイ（1564–1642）の時代に「そうではない」ことがわかったことになっている．これは科学史の中でも，とりわけ有名な発見として知られているが，現代でも（大学の理工系の学生を含めても）多くの人が「重いものの方が速く落下する」という誤った認識をもっている．ただ，数千年にわたる人類の歴史の中で，物体の同時落下の法則が明らかになったのは，今からたった400年程度前のことであることを考えると，**「重いものは軽いものより速く落下する」ように感じるのは人間には自然**なのかもしれない．それは日常生活において，一方で「鳥の羽根はハラハラと宙を舞い」，他方で「金鎚（かなづち）はストンと落下する」という光景を目にした経験がそう思わせているのかもしれない．

今では，真空ポンプを使って真空に引いた容器の中で実験することにより，鳥の羽根と金鎚が同時に落下することを実際に見ることもできる．しかし，そんな実験をしなくても，少し考えてみれば，もしも「重いものの方が速く落下する」ならば，奇妙なことが起こることになってしまうことはすぐに予想できる（章末問題参照）．

また，数千年来の誤解を400年前に先人が解いてくれた，という重要な史実を現代人の多くが知らずに，相変わらず誤った直感に頼っていることは，歴史を軽視していることを意味する．その意味でこのことは，1つの科学的事実を知らないことよりも，はるかに重大で深刻な問題なのかもしれない．

- 科学の世界でも，歴史を学ぶことは重要である
- 直感に頼ることは極めて危険である

**導入　例題 1.2**

建物の屋上からボールを投げ落とした．放物線を描いて落下しているボールには，どのような力がはたらいているか．

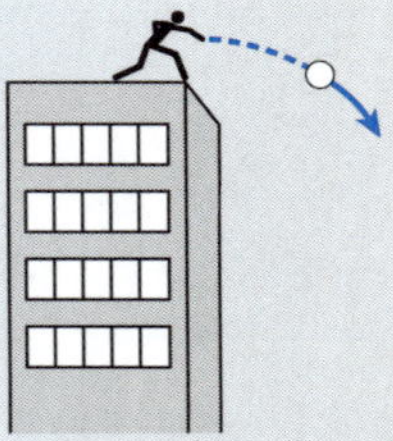

**【解答】**　空気抵抗を考えなければ，重力のみが鉛直下向きにはたらく．■

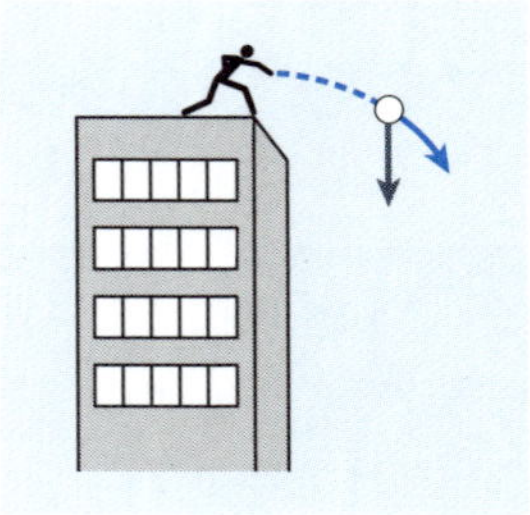

例題1.1と同様，これも歴史的に有名な問題である．ガリレオ ガリレイの時代以前は「動く方向に何らかの力がはたらいている」と考えられていたが，これもまた間違いであった．しかし，現在でも多くの人が，この誤った考えを直感としてもっている．そして，力学の初心者が「物体にはたらく力」を考える

ときに，この誤った先入観が邪魔になり，正解にたどりつけないことが多々見受けられる．力学の学習時に，最初にぶつかる障壁の 1 つであると言える．

まずは，**物体が動いている方向に力がはたらいているわけではない**，ことを認識しよう．このことが「ピン」とこない方は，以下のように考えてみてはどうだろう．スケート場の氷の上に，何か滑りやすいもの，例えばカーリングのストーンやアイスホッケーのパックなどがあるとする．今，氷上で静止しているそれらを「チョコン」と押してみる．その結果，それらが「スー」と動き出す様子を想像してみよう．どうだろう．力を加えるのが必要なのは最初だけで，後は勝手に動いていくのではないだろうか．物体が滑っていても，そのあいだ中ずっと何かに押されているわけではないのだ．

本書で学ぶ近代力学はガリレオ ガリレイによる過去の迷信の打破に始まり，アイザック ニュートン（1643–1727）によって完成されたものである．その基礎となるのが 3 つの**運動の法則**である．まずは，その中の 1 つ，**運動の第 1 法則**とよばれる法則について考えてみよう．

**法則 1.1**　力が加えられていないとき，物体は静止を続けるか，**等速直線運動**を続ける（**運動の第 1 法則**）．

「静止を続ける」の部分に異論はないと思われる．「等速直線運動を続ける」の部分についてはどうだろう．「動いているものは，何もしなければ，そのうち止まる」ということを日常生活から連想された方がいるかもしれない．しかし，日常では地面や床との摩擦や空気抵抗などの力が常にはたらいているために，等速直線運動が維持できないのである．つまり，日常では，運動の第 1 法則の「力が加えられていないとき」という条件が成り立っていないのだ．

法則 1.1 が言う，「力が加えられていない物体が，そのままの状態を維持しようとする性質」のことを**慣性**という．このことから，運動の第 1 法則は**慣性の法則**ともよばれる．

慣性の法則をイメージするために，次のように考えてみるのはどうだろう．今一度，スケート場の氷の上にいるとしよう．今度は氷面を究極的に滑らかにして，摩擦が存在しないようにしてあると考える．さらにスケート場の空気を完全に抜いて，リンク全体を真空状態にしたとする．こうするとストーンやパックには氷面との間の摩擦も空気抵抗もはたらかないので，それらは一度動き出すと，後は同じ速度で氷の上を，氷が続く限り，動き続けるはずである．

今後出会う力学の問題の中で「空気抵抗は無視する」とか「摩擦は考えなくてよい」という設定があるときは，非現実的ではあるのだけれど，上で述べたような想像を是非してほしい．

**確認 例題 1.1**

飛行機が円軌道を描いて，等速で飛び続けているとき，運動の第1法則から何が言えるか．

**【解答】** 等速運動であるが，直線運動ではないので，飛行機には常に何らかの力が加わっているはずである． ■

**運動の第1法則（慣性の法則）のまとめ**

- 動いている方向に力がはたらいているわけではない
- 静止したものは静止を，動いているものは動き続けようとする性質（慣性）をもつ

**ちょっと寄り道 慣性ということば**

慣性は英語では inertia，フランス語では inertie といい，ラテン語の inert（無気力，変化をしたがらない，怠惰）を語源にしている言葉である．慣性の法則とは「物体の状態は（力がはたらかなければ）変化をしたがらない」ということなのだ．（OM） □

## 1.2　運動の第 2 法則（運動方程式）

レール上にトロッコがのせてあるとする．ただし，押せば人力でも動かせる程度の重量のトロッコであるとしよう．

**導入 例題 1.3**

トロッコを押して動かし，それをある特定の速さに到達させるにはどうすればよいか．

**【解答】** その速さに達するまで力を加え続けなければならない．

この状況を想像するのは容易だろう．速さを大きくする，すなわち加速するためには，力を加え続ける必要がある．また，トロッコの重量が大きければ，加える力を大きくしなければならないことも明らかだろう．ちなみに，速さを減少させることも加速という．減速は “負の加速” を行っていることになる．

以上は，**運動の第 2 法則**そのものを表している：

**法則 1.2**　物体の加速度は，物体にはたらく力の大きさに比例，物体の質量に反比例して増加する（**運動の第 2 法則**）．

例えば，左右から同じ力を加えれば，それらの力は打ち消し合うので，正味の力は零になる．よって “物体にはたらく力” は**ベクトル**♠1 の和として考える必要がある．

運動の第 2 法則は（加速度）＝（物体にはたらく力）÷（物体の質量），または

$$\text{物体にはたらく力} = \text{物体の質量} \times \text{加速度} \tag{1.1}$$

の形で書くことができる．この関係を**運動方程式**とよぶ．考えている問題ごとに運動方程式を組立て，それを解くことが，力学の問題を解く上で必要な作業になる．

♠1 ベクトルは大きさと向きの両方をもつ量である．それに対して，大きさだけをもつ量を**スカラー**という．

## 1.3　運動の第３法則（作用・反作用の法則）

前節までの内容を思い出した後，以下の問題を考えてみよう．

**確認 例題 1.2**

机の上に辞書が置かれている．「この辞書にはたらく力は，図のような鉛直下向きの重力のみである．」この考えは正しいか．

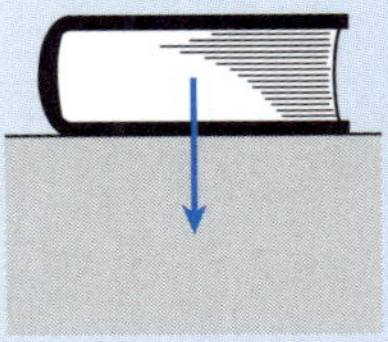

**【解答】** 正しくない．重力のみが鉛直下向きにはたらいているならば，運動の第２法則により，辞書はその方向に加速されなければならない．しかし，実際には辞書は静止したままである．机が辞書を上向きに押し返す力（**垂直抗力**）が存在することで，下向きの重力を打ち消している．正味の力（**合力**）が零になることで，辞書の静止状態が保たれている．■

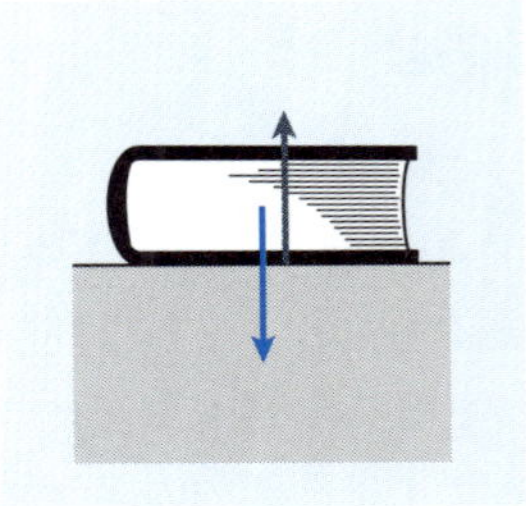

２つの物体が互いに力をおよぼし合っているとき，以下の法則が成り立っている．

**法則 1.3**　２つの物体 A と B が互いに力をおよぼし合うとき，物体 A が物体 B におよぼす力と物体 B が物体 A におよぼす力は大きさが同じで，向きは正反対である（**運動の第３法則**）．

２つの力のうちの一方を**作用**，もう一方を**反作用**という．このことから運動の第３法則のことを**作用・反作用の法則**ともいう．

## 1.4　力学の方法論と問題解決の手順

これまでに登場した3つの運動の法則を利用すると，物体の状態が将来どうなるのかを予測することができる．ここで，力学で用いられる方法論と，さらには具体的に問題を解くための手順を概観しておくことにしよう．

**(1)　考える状況のモデル化（単純化）を行う**

物体の落下において空気抵抗や摩擦を考えないといった，日常とはかけ離れた状況をこれまでに何度か考えた．これは，**落下現象において最も重要な要素は重力であって，空気の抵抗力ではない**ので，とりあえず最初は重力のみを考慮してみよう，ということを意図している．そこで現実的ではないけれど，真空状態の中を物体が落下する状況を想定し，落下物体の運動を記述する運動方程式を作成し，それを解く．その現象が運動方程式を通じて，数学的にも物理的にも，十分理解できたら，状況を現実に近づけるために，始めは無視していた効果，例えば空気抵抗の影響もとり入れて考えてみることにする．このように，**扱う対象（これを系という）をまずは最も単純なモデルに置き換えて思考を開始する**のは，力学のみならず，物理学全般で用いられる基本的な手法なのである．

**(2)　モデルを数式化する**

考えたモデルを扱いやすくするために，それを数式化する作業が必要になる．そこでは

- どのような座標系を使えばよいか
- 変数はいくつ必要で，どのような記号で表すか

といったことを考えることになる．また，考える物体にはたらく力をすべて列挙して，それを数式化しなければならない．そのために，**経験的に知られている物理法則を利用する**．ここで，例えば，重力や，フックの法則の名前で知られるばねによる力，あるいは万有引力などが登場することになる．

**(3)　数式化したモデルを解く**

系のモデルの数式化が完了したら，次はそれを数学の力を借りて解く作業に移る．これを行うのに，大きく分けて次の2つの方法がある：

(a) **運動方程式を解く**

**運動方程式は「運動の第2法則を数式で表したもの」と今は考えておけばよいだろう**．運動方程式は，数学で微分方程式とよばれるものにあたり，積分を行うことで物体の位置と速度を知ることができる．この方法を知るための最も単純でわかりやすい例として，落下の問題が挙げられる．

(b) **保存則を使う**

数学で勉強したときに気が付いたように，多くの場合，積分を手計算で行うことはとても難しい．つまり，紙と鉛筆のみを使って運動方程式を解くことは一般に困難が伴う．そのような場合は，コンピュータを使って数値的に計算を行う方法もあるけれど，力学では全く別のアプローチが用意されている．それはある条件の下では何らかの量が保存されるという法則（**保存則**）を利用することだ．何らかの量とは力学的エネルギー，運動量，角運動量などを指し，「そのうちのどれがどのように保存するか」については，考える系の特徴や条件から（ときには運動方程式を知らなくても）求めることができる．例えば，力学的エネルギーは物体の位置で決まる**位置エネルギー**と速度から決まる**運動エネルギー**の和として定義される．そして，力学的エネルギーが保存される場合には，「あるときの物体の位置と速度が決まれば，その物体が別の場所に移動した後でも，その位置さえわかれば，そのときの速度もわかってしまう」ということになる．さらに，これから本書で扱ういくつかの問題で示すように，考える系で成り立っている（力学的エネルギー）保存則がわかると，その保存則から運動方程式を導き出すこともできるのである♠2．このように**保存則は“物理”を知ろうとする我々にとって強力な武器となるのだ**．

♠2 運動方程式は運動の第2法則という力学の基本法則であるから，そこから保存則が導き出されるというのは当然である．しかしその逆に，保存則から運動方程式を導くこともできるのである．具体的には第4章の4.3, 4.4節や第7章を参照．

## 1.5　質点の力学，剛体の力学

ここまで漠然と“もの”や“物体”という言葉で言及してきたが，この章の最後で，力学が扱う対象物について詳しく考えてみることにしよう．

**導入 例題 1.4**

力学では「質量をもつけれども大きさをもたない」ものとして**質点**を定義し，それがどのように運動するかを考えることがよくある（**質点の力学**）．このような非現実的な物体をわざわざ考える理由は何か．

**【解答】**　物体自身の回転運動（いわゆる自転）を無視するため．■

例えば「野球のボールが等速直進運動をしている」といっても，ボールが無回転であるか回転しているかで，力学的な状態は全く異なってくる．よって，またもや現実からはかけ離れているけれど，野球のボールを点のようなものと考えると，回転運動はとりあえず考えなくてよいことになる．

質点の発想も，現象を最も単純化したモデルに置き換える物理学の基本精神に従っている．我々が学習するのは，まずはこの質点の力学になる．つまり，ボールが落下したり，おもりを付けたばねが振動したり，振り子が揺れたりするのを考えるとき，とりあえずボールやおもりや振り子の大きさはないものと考えるのだ．

では，一歩進んで，物体が大きさをもつ場合は，どのように考えればよいだろう．

**導入 例題 1.5**

野球のボールのように大きさや形をもつものは，無数の質点が集まったものと考えればよいだろう．では，無数の点の集合であるとして，それがどのような性質をもつときに，大きさや形をもった物体のモデルとして最も単純なものになるだろうか．

**【解答】**　質点の間隔が変化しないこと．つまり形が変形しないこと．■

大きさをもつけれども，変形しない物体のことを**剛体**とよぶ．**剛体の力学**では（質量中心の）並行運動に加え，ある回転軸の周りの回転運動（自転）をとり扱うことができる．

さらに，ゴムボールのように力を加えると**ひずみ**が生じる場合は**弾性体**，水のように自由に変形するものは**流体**というように，物理学は“もの”を分類する．そして，それらの状態を記述し時間発展を予測するために，それぞれ，**弾性体の力学**と**流体力学**とよばれる方法が用意されているのである．なお，本書では剛体の力学の初歩まで解説し，弾性体の力学・流体力学については他書に譲ることとする．

## 第1章　演習問題

**1.1**　「重いものは軽いものより速く落下する」と仮定すると，以下のとき，どのようなことが起こるかを思考せよ．

(1)　重い球と軽い球を接着剤で接続し，落下させる．重い球のみ，および，軽い球のみを落下させた場合と比較して，どのような違いがあるか．

(2)　全く同じ質量と大きさをもつ2つの球を用意する．2つの球は同じ速度で落下するはずである．これらの球を質量が微小な細い糸でつなぐ．糸の質量を無視できるものとすると，こうしても同様の速度で落下するはずである．2つの球をつなぐ糸を次第に短くする．糸の長さが零になるとき何が起こるか．

### ちょっと寄り道　科学は正しいのか

読者のみなさんは「科学とは何か」と問われたら，なんと答えるだろうか．著者であれば「主観を排除すべき学問」または「客観性のみに頼る学問」と答える．つまり，「私は～だと思う」では科学としては不十分であり，「私はAなので，～であると結論する」というためのAの部分に該当するものが存在し，かつ，他の科学者，専門家がそれに同意するプロセスが必要となる．このプロセスを経たものが「科学的に正しいもの」となりえる．ただ，数学と（数学を含まない）自然科学分野の間には決定的な違いが存在する．数学的に正しい（証明された）ことは真理であり普遍性をもつが，数学以外の自然科学では「本当に正しいこと」は実は誰にもわからないのである．「重いものは軽いものよりも速く落下する」という考えも，ガリレオ以前は正しいと信じられていたので，その時代には「科学的に正しいこと」であったのだ．トーマス クーン

(1922–1996) がその著作♠3 の中で“パラダイム”とよんだものは，ある時代の“主観を入れないように努める”科学者や専門家の集団が，ある科学的現象，理論または法則について「(正しいかどうかわからないが) おそらく正しい」と認定している状態のことを指している．クーンはまた，落下の法則などの新たな発見によって，それまでのパラダイムがすたれ，新しいパラダイムに移行することを“パラダイム シフト”と名付けた．20 世紀の初頭に，それまでの古典物理学では説明できなかった超高速，極低温，超高密度などの環境下における現象から，相対性理論や量子力学が誕生することとなった．これらが近代に起きたパラダイム シフトである．科学はこのような進化を続けながら，真理に近づいていくのである．(OM) □

---

♠3 『科学革命の構造』，(訳：中山茂) みすず書房

# 第2章 位置，速度，加速度

物体の位置，速度，および加速度の表し方を学ぶ．これらはすべてベクトル量であり，力もベクトルである．よって，物体の運動を正確に表記するためには，ベクトルに慣れておくことがどうしても必要なのである．

## 2.1 位　　置

物体の位置と言っても，大きさをもつ物体だと，その一番上部を指すのか，あるいは最も左にある部分を指すのか明瞭でない．しかし，小球だとか，おもりだとか，たとえ言われたとしても，それが質点であると考えてしまえば，この曖昧さをなくすことができる．そこで，ここからしばらくは，**特に断らない限り，“もの” や “物体” として言及する対象は，どれも質点を指すものとする**．

質点の位置を指定するためには，適切な**座標系**を設定することが必要となる．そのとき注意すべき点として

- 我々のいる空間はもちろん 3 次元だが，問題にしている質点の運動を記述するには，1 次元や 2 次元の座標系を使えば十分な場合も多い．何次元の座標系が必要になるだろうか．
- 原点をどこにとるべきか．
- **座標軸**のどちらの向きを正の向きとすべきか．

などが挙げられる．

**導入 例題 2.1**

床の上に高さ $h$ の机が置いてある．机の上から小球を落下させる．ただし，落下する小球がとる軌道は鉛直方向の直線であるとする．この小球の運動を記述するために合理的と思われる座標系を定めよ．

**【解答】** 小球がとる軌道は直線なので，鉛直方向の 1 次元座標（これを $x$ 座標とする）をとればよいことは明らかである．原点の位置と座標軸の向きは任意

に決めてよいが，以下のように定めると便利である：

(1) **床の位置を原点，鉛直上向きを正の向きに選ぶ**
この場合は，床の位置が $x = 0$，机の高さの位置が $x = h$ となる．落下する小球は負の向きに進むことになる．

(2) **机の高さの位置を原点，鉛直下向きを正の向きに選ぶ**
落下が始まる位置を原点に，落下する向きを正の向きに選んでいる．この場合，机の高さの位置が $x = 0$，床の位置が $x = h$ となる．■

落下している小球の任意の位置を表すときは，軸の名前（この場合は $x$）をそのまま使う場合が多い．例えば，「**小球の位置を $x$ とする**」というようにである．軸の名前と同じで紛らわしい場合には，小球の位置は時間 $t$ とともに変化するので

$$x = x(t)$$

と表記する場合も多い．こう書くと，**小球の位置は時刻 $t$ の関数**であることが明示される．

小球を水平方向や斜め方向に投げ落とす場合は放物線状の軌道をとりながら落下する．横風など，横方向の力を受けなければ，小球の軌道が横にずれることはないので，運動の記述には 2 次元の座標系があればよい．惑星の公転運動についても，惑星の軌道は公転面内に限られる．このように運動が 2 次元に限られる場合は，例えば横軸に $x$ 軸を，縦軸に $y$ 軸をとれば，小球や惑星の位置は座標 $(x(t), y(t))$ で，またはその座標を成分にもつ位置ベクトル

$$\boldsymbol{r} = \boldsymbol{r}(t) = \big(x(t), y(t)\big)$$

として表すことができる♠[1]．3 次元の座標系が必要であれば，位置ベクトルを同様に $\boldsymbol{r} = \boldsymbol{r}(t) = (x(t), y(t), z(t))$ と表すことができる．

とり扱う問題に応じて，直交する $x, y, z$ 軸から構成される**デカルト座標**以外の異なる座標系を用いる方が便利な場合がある．例えば，考える力学系が**ある点からの距離だけに依存する力**を受けるような**球対称性**をもつ場合は，**極座標**

♠[1] 以下，太字体で記した記号はベクトルを表すものとする．$\boldsymbol{r}$ と書いたらベクトル，$r$ と書いたらスカラーである．

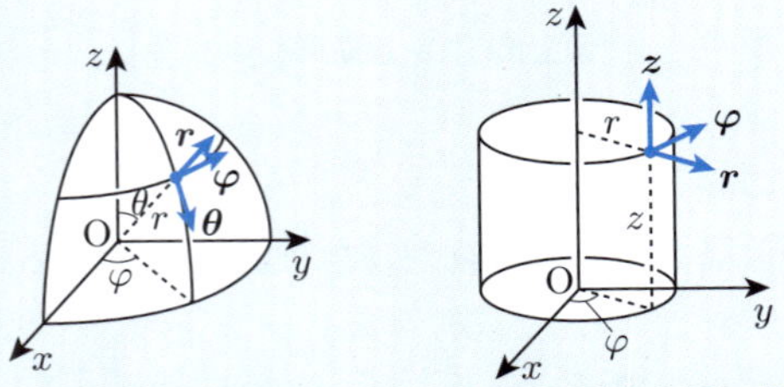


3 次元極座標の例　　3 次元円柱座標の例

を用いると便利である．同様に考える系が**軸対称性**をもつ場合，選ぶべき座標系としては**円柱座標**が候補に挙がる．

**導入 例題 2.2**

原点からの距離とは，位置ベクトル $\boldsymbol{r} = (x, y, z)$ の大きさ $r = |\boldsymbol{r}| = \sqrt{x^2 + y^2 + z^2}$ を意味する．では，力学の問題で具体的な数値を計算する場合，長さの単位（ミリメートル，センチメートル，メートル，キロメートルなど）はどのように使い分けるべきか．

**【解答】** 統一的に m（メートル）を使う．1 ミリメートル（mm）は $0.001\ \mathrm{m} = 1 \times 10^{-3}\ \mathrm{m}$，1 センチメートル（cm）は $1 \times 10^{-2}\ \mathrm{m}$，1 キロメートル（km）は $1 \times 10^{3}\ \mathrm{m}$ である．■

長さ，質量，および時間に対して，それぞれ m（メートル），kg（キログラム），s（秒）を使うことを定めた**MKS 単位系**が広く使われており，本書もこの単位系を使うことにする．

**"位置" の表し方についてのまとめ**

- 質点の運動を記述するために，適切な座標系を選ぶこと
- 質点の位置は選んだ座標系における位置ベクトルで表す
- 動く質点の位置を表すベクトルは時間の関数である

**ちょっと寄り道　単位系について**

MKS 単位系のことを SI(国際単位系) ともいう．S → I という文字の並びは Système International d'Unités というフランス語に由来しているように，国際単位の誕生は，メートル法を始めとするフランス革命時代における当国の単位統一の試みを源流としている．種々の単位の定義は BIPM (Bureau International des Poids et Mesures) で管理されている．例えば，1 メートルについては当初，「子午線の長さの半分の 1 千万分の 1」として定義されたが，現在（BIPM による冊子 第 8 版，2006 による）では，「光が真空中を 299 792 458 分の 1 秒に進む距離」とされている．(OM) □

## 2.2 速　　度

“速度” や “速さ” というと，日常生活では「動作が速い」や「時速 60 キロメートル」など，色々な意味合いや表現方法がある．しかし，物理学において “速度” というときは，それは明確に定義されたものである．

**導入 例題 2.3**

物理学において，“速度” は**質点の位置の瞬間的な時間変化率**として定義される．これは「速度は位置を時間で**微分**したものである」，もしくは「速度は位置の時間に関する**導関数**である」と言うことと同じであることを，以下の設問に従って示せ．

ある質点が 1 次元上を移動している．質点の位置 $x$ は時間とともに変化するので，それは時間の関数 $x(t)$ であると考えることができる．

(1)　時刻 $t$ から時刻 $t + \Delta t$ の間の，質点の位置の変化を関数 $x(t)$ を使って表せ．

(2)　時刻 $t$ から時刻 $t + \Delta t$ の間の，質点の位置の変化率を求めよ．位置の変化率とは「時間変化に対する位置の変化の割合」を意味する．

(3)　小問 (2) の答えを $\Delta t$ の間の**平均の速度**という．速度は位置の「瞬間的な」変化率なので，小問 (2) の答えに対し，$\Delta t \to 0$ の極限をとったものが速度に他ならない．$t$ を変数とする関数 $u(t)$ の導関数の定義式が

$$\frac{du}{dt} = u' = \lim_{h \to 0} \frac{u(t+h) - u(t)}{h} \tag{2.1}$$

であることから，速度が位置の時間微分であることを示せ．

**【解答】**　(1)　質点の位置の変化は $x(t+\Delta t)-x(t)$ で与えられる．

(2)　質点は $(t+\Delta t)-t$ の間に，$x(t+\Delta t)-x(t)$ だけ位置が変化しているので，その変化率は $\frac{x(t+\Delta t)-x(t)}{(t+\Delta t)-t}=\frac{x(t+\Delta t)-x(t)}{\Delta t}$ である．

(3)　小問 (2) の答えに対して $\Delta t \to 0$ の極限をとることにより，質点の速度 $v$ は

$$v=\lim_{\Delta t\to 0}\frac{x(t+\Delta t)-x(t)}{\Delta t}$$

と求まる．これは導関数の定義式 (2.1) において，$h$ を $\Delta t$ としたものに他ならないので，速度 $v$ は位置の時間微分 $\frac{dx}{dt}$ である．■

速度 $v=\frac{dx}{dt}$ の表記として

$$v=\dot{x} \tag{2.2}$$

のように，$x$ の上にドット（・）マークが乗った記号 $\dot{x}$ をよく使う．

2 次元以上では，座標の各成分を時間微分したものが，質点の速度の各成分となる．例えば，3 次元座標系における質点の座標を $(x,y,z)=(x(t),y(t),z(t))$，速度成分を $(v_x,v_y,v_z)$ とすると

$$v_x=\frac{dx}{dt}=\dot{x},\quad v_y=\frac{dy}{dt}=\dot{y},\quad v_z=\frac{dz}{dt}=\dot{z}$$

である．また，ベクトルの記号 $\boldsymbol{r}=(x,y,z)$ を使って，速度ベクトル $\boldsymbol{v}$ を

$$\boldsymbol{v}=\frac{d\boldsymbol{r}}{dt}=\dot{\boldsymbol{r}}=(v_x,v_y,v_z)=(\dot{x},\dot{y},\dot{z})$$

のように表記する場合もある．

**"速度" の表し方についてのまとめ**

- 速度は位置の時間微分である
- 速度はベクトル量である ♠2
- 時間微分を表す記号として，頭にドット（・）が乗った記号をよく用いる：$\boldsymbol{v}=\frac{d\boldsymbol{r}}{dt}=\dot{\boldsymbol{r}}$

♠2 慣習として，速度はベクトル量 $\boldsymbol{v}$ のことを，速さは速度の大きさ $v=|\boldsymbol{v}|$ のことを指すことになっている．

本書でも，以降で微分を頻繁に使うことになる．ここで，よく使う関数 $f(t)$ の導関数 $f'$ をおさらいしておこう：

$$
\begin{aligned}
f(t) = C &\implies f' = 0 \quad (C\text{ は定数}),\\
f(t) = t^{\alpha} &\implies f' = \alpha t^{\alpha-1} \quad (\alpha\text{ は零でない実数}),\\
f(t) = \sin t &\implies f' = \cos t,\\
f(t) = \cos t &\implies f' = -\sin t,\\
f(t) = e^{t} &\implies f' = e^{t} \quad (e\text{ は自然対数の底}),\\
f(t) = \ln t &\implies f' = \frac{1}{t} \quad (\ln t\text{ は } e\text{ を底とする対数 } \log_e t).
\end{aligned}
$$

$u$ と $v$ がともに $t$ の関数であるとき，それらの積 $uv$ の微分は，$u$ の導関数 $u'$ と $v$ の導関数 $v'$ を使って

$$(uv)' = u'v + uv' \tag{2.3}$$

で与えられる（関数の積の微分）．また，関数 $f(x)$ の変数 $x$ が，別の変数 $t$ の関数 $x(t)$ であるとき，$f$ の $t$ に関する導関数は

$$\frac{d}{dt}f\bigl(x(t)\bigr) = \frac{dx(t)}{dt}\,\frac{df(x)}{dx} \tag{2.4}$$

で与えられる（**合成関数の微分**）．

**ちょっと寄り道**　**log か ln か**

物理関係の書籍を見ていると，自然対数を底とする対数の記号に，ある本では log が使われていたり，別の本では ln であったりと書籍によって選び方がまちまちである．どちらを使うかは著者の裁量に委ねられているようで，本書では ln を選んだ．しかし，考えてみると「物理で自然対数を底としない対数」が登場することはまずないので，どちらの記号を使っても不都合は起きないはずだ．ただ，ln の意味を知らないと，電卓や表計算ソフトの関数を利用するときには都合が悪いかもしれない．（OM）□

基本的な微分の公式を思い出したところで，物理学における位置と速度の関係を簡単な例を用いて眺めてみよう．

**確認 例題 2.1**

1次元上を移動する質点を考える．質点の座標を $x(t)$，速度を $v(t)$ とする．以下の状況において，$x(t)$ および $v(t)$ の表式を求めよ．さらに，横軸に時間 $t$ をとり，$t \geq 0$ に対する $x(t)$ および $v(t)$ のグラフを作成せよ．ただし，以下で $x_0, x_1, v_0$ は正の定数とする．

(1)　質点は座標 $x_0$ の位置に静止している．

(2)　質点は等速で正の向きに進んでいる．単位時間あたりに進む距離は $v_0$ である．ただし，質点は $t=0$ で原点にあった．

(3)　質点は等速で負の向きに進んでいる．単位時間あたりに進む距離は $v_0$ である．ただし，質点は $t=0$ で位置 $x_1$ にあったとする．

**【解答】**　(1)　質点は位置 $x_0$ に静止しているので，その位置は $t$ によらず $x(t)=x_0$．速度は $x(t)$ を時間で微分すると $v(t)=\frac{dx}{dt}=0$ と求まる．質点は静止しているので，速度零という当然の結果が得られる．(図 (a))

(2)　$x(t)$ は時間 $t$ に比例して増加し，比例定数は $v_0$ である．また $t=0$ で原点を通るので，$t$–$x$ 平面において $x(t)$ は，原点を通る傾き $v_0$ の直線 $x(t)=v_0t$ と表すことができる．それを時間で微分すると，速度は $v(t)=\frac{d}{dt}(v_0t)=v_0$ と求まる．質点の運動は速度 $v_0$ で正の向きに進む等速直線運動である．(図 (b))

(3)　$x(t)$ は，$t=0$ で $x=x(0)=x_1$ を通る傾き $-v_0$ の直線で，$x(t)=-v_0t+x_1$ である．よって速度は $v(t)=-v_0$．質点は**負の向きに進む，速度が負の等速直線運動**を行う．(図 (c))

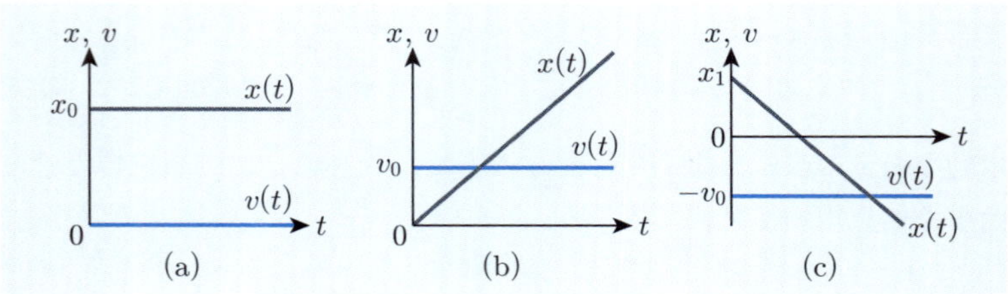


次に速度が時間 $t$ に依存する例も見てみよう．

**基本 例題 2.1**

1次元上を移動する質点の座標 $x(t)$ が以下で与えられるとき，質点の速度 $v(t)$ を求め，$t \geq 0$ に対する $x(t)$ および $v(t)$ のグラフを作成せよ．ただし，$g$, $v_0$, $A$ および $\omega$ はすべて正の定数であるとする．

(1)　$x(t) = -\frac{1}{2}gt^2 + v_0 t$.

(2)　$x(t) = A\cos\omega t$.

**【解答】** (1)　速度は位置を時間で微分することにより

$$v(t) = \frac{d}{dt}x(t) = \frac{d}{dt}\left(-\frac{1}{2}gt^2 + v_0 t\right) = -gt + v_0$$

と求まる．$g > 0$ より，速度 $v(t)$ は，$t = 0$ での値 $v_0$ から，時間の経過とともに単調に減少する．また，$x(t) = -\frac{1}{2}gt\left(t - \frac{2v_0}{g}\right)$ より，$x(t)$ は $t = 0, \frac{2v_0}{g}$ で $t$ 軸と交わる．$x(t)$ を平方完成すると

$$\begin{aligned} x(t) &= -\frac{1}{2}g\left(t^2 - 2\frac{v_0}{g}t\right) \\ &= -\frac{1}{2}g\left\{t^2 - 2\frac{v_0}{g}t + \left(\frac{v_0}{g}\right)^2 - \left(\frac{v_0}{g}\right)^2\right\} \\ &= -\frac{1}{2}g\left(t - \frac{v_0}{g}\right)^2 + \frac{v_0^2}{2g}. \end{aligned}$$

$-\frac{1}{2}g < 0$ なので $x(t)$ は上に凸の放物線で，$t = \frac{v_0}{g}$ で極大値 $\frac{v_0^2}{2g}$ をとる．（図 (a)）

(2)　$\cos\omega t$ の $t$ に関する導関数は，合成関数の微分の式 (2.4) を使うと

$$\frac{d}{dt}\cos\omega t = \frac{d(\omega t)}{dt}\frac{d}{d(\omega t)}\cos(\omega t) = -\omega\sin\omega t$$

と求まる．よって，速度は

$$v(t) = \frac{dx}{dt} = -\omega A\sin\omega t = \omega A\cos\left(\omega t + \frac{\pi}{2}\right)$$

と求まる．位置と速度は**位相**が $\frac{\pi}{2}$ だけずれているので，位置の大きさが最大値をとるときに速さが零，反対に速さが最大値をとるときに位置が零となる．$\omega t$ が $2\pi$ だけ変化する，すなわち $t$ が $\frac{2\pi}{\omega}$ だけ進むと，$x(t)$ および $v(t)$ は元の位置に戻る．つまり $x(t)$ と $v(t)$ の**周期**はともに $\frac{2\pi}{\omega}$ である．また**振幅**は $x(t)$ では $A$，$v(t)$ では $\omega A$ である．（図 (b)）

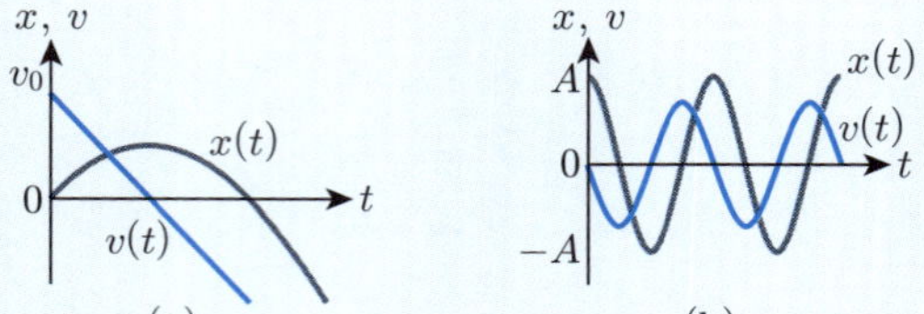

(a) (b)

位置を時間で微分したものが速度ならば，逆に速度を時間について**積分**すれば位置が求まることになる．

**導入 例題 2.4**

質点が1次元上を等速度 $v_0$（ただし $v_0$ は正の値も負の値もとり得る）で移動している．質点の速度を時間に関して積分することによって，その位置 $x(t)$ を求めよ．積分を行うと**積分定数**が必要になることに注意し，積分定数の物理的な意味を答えよ．

**【解答】** 速度 $v(t) = v_0$（一定）を時間 $t$ について積分すればよい．

$$x(t) = \int v(t)\,dt \quad \Longleftarrow \text{この関係は一般に成り立つ}$$
$$= \int v_0\,dt \quad \Longleftarrow v(t) = v_0 \text{ を代入した}$$
$$= v_0 t + C \quad \Longleftarrow \text{積分を実行した（}C\text{ は積分定数）}.$$

$t = 0$ を代入すると，$x(0) = C$ を得る．すなわち，積分定数 $C$ は $t = 0$ における質点の位置を表す．

$t = 0$ での質点の位置が $x_0$ であるならば，速度 $v_0$ で等速直線運動をする質点の座標は，任意の時刻 $t$ で

$$x(t) = v_0 t + x_0$$

と表されることになる．この初期位置 $x(0) = x_0$ のように，初期時刻 $t = 0$ における系の状態を指定する条件を，一般に**初期条件**という．

**位置と速度の積分による関係付けのまとめ**

- 速度を時間で積分すると位置が求まる
- 積分定数は初期位置を表し，初期条件により定まる

最後に速度の単位について考えよう．定義より，速度は（微小距離）÷（微小時間）である．よって MKS 単位系における速度の単位は m/s となる．これは「メートル毎秒（まいびょう）」と読む．

**導入 例題 2.5**

時速 36 キロメートル（36 km/h）を MKS 単位系の単位に変換せよ．

**【解答】**

$$36\,\mathrm{km/h} = \frac{36\,\mathrm{km}}{1\,\mathrm{h}} = \frac{36 \times 10^3\,\mathrm{m}}{60 \times 60\,\mathrm{s}} = 10\,\mathrm{m/s}.$$

■

## 2.3 加 速 度

位置の時間微分は速度を与える．速度をさらに時間で微分すると，今度は加速度が得られる．すなわち**加速度は速度の瞬間的な時間変化率を表す**．1 次元系における質点の速度を $v$，加速度を $a$ とすると

$$a(t) = \frac{dv}{dt} = \dot{v} \tag{2.5}$$

である．位置座標 $x = x(t)$ を用いると，加速度はその 2 階微分

$$a(t) = \frac{d^2x}{dt^2} = \ddot{x}$$

で与えられることになる．

3 次元系では，加速度ベクトル $\boldsymbol{a}$ を速度ベクトル $\boldsymbol{v} = (v_x, v_y, v_z)$ を用いて表すと

$$\boldsymbol{a} = (a_x, a_y, a_z) = \frac{d\boldsymbol{v}}{dt} = \dot{\boldsymbol{v}} = \left(\frac{dv_x}{dt}, \frac{dv_y}{dt}, \frac{dv_z}{dt}\right) = (\dot{v}_x, \dot{v}_y, \dot{v}_z),$$

位置ベクトル $\boldsymbol{r} = (x, y, z)$ を用いると

$$\boldsymbol{a} = \frac{d^2\boldsymbol{r}}{dt^2} = \ddot{\boldsymbol{r}} = \left(\frac{d^2x}{dt^2}, \frac{d^2y}{dt^2}, \frac{d^2z}{dt^2}\right) = (\ddot{x}, \ddot{y}, \ddot{z})$$

となる．

**確認 例題 2.2**

1次元上を移動する質点を考える．質点の座標，速度，および加速度を，それぞれ $x(t)$, $v(t)$, $a(t)$ とする．$x(t)$ が以下のように与えられるとき，$v(t)$ および $a(t)$ の表式を求めよ．さらに，横軸に時間 $t$ をとり，$x(t)$, $v(t)$，および $a(t)$ のグラフを作成せよ．

(1)　$x(t) = \frac{1}{2}t^2$

(2)　$x(t) = -\frac{1}{2}t^2 + t$

**【解答】**　(1)　質点の位置を時間で2回微分すると

$$v(t) = \frac{dx}{dt} = \frac{d}{dt}\left(\frac{1}{2}t^2\right) = t, \quad a(t) = \frac{dv}{dt} = \frac{d}{dt}t = 1$$

のように速度と加速度を得ることができる．加速度は正の定数であり，速度は単調に増加することになる．また，位置は2次関数的に単調増加する．（図 (a)）

(2)　速度および加速度は

$$v(t) = \frac{dx}{dt} = \frac{d}{dt}\left(-\frac{1}{2}t^2 + t\right) = -t + 1,$$

$$a(t) = \frac{dv}{dt} = \frac{d}{dt}(-t + 1) = -1$$

と求まる．加速度は負の定数であり，速度は単調に減少することになる．位置は $0 < t < 1$ の間は増加し，$t = 1$ で最大値に到達する．その後（$t > 1$）は単調に減少する．（図 (b)）

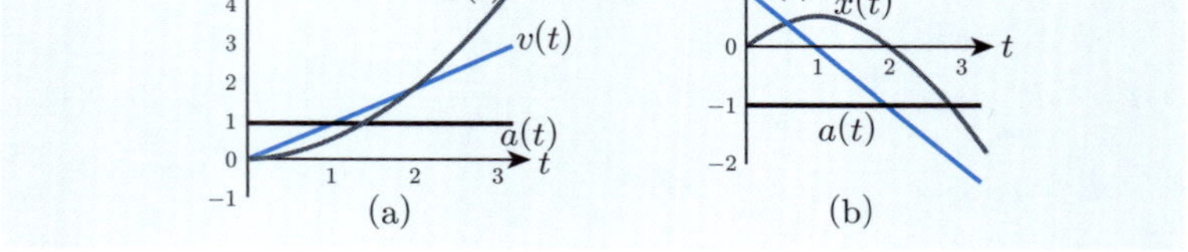


■

基本例題 2.1 で考えた，位置が時間とともに三角関数的に変化する場合を考えてみよう．

**基本 例題 2.2**

1 次元上を移動する質点の位置が

$$x(t) = A\cos\omega t \quad (A \text{ および } \omega \text{ は正の定数})$$

で与えられるとき，質点の速度 $v(t)$ と加速度 $a(t)$ の表式を求めよ．さらに，横軸に時間 $t$ をとり，$x(t)$, $v(t)$，および $a(t)$ のグラフを作成せよ．

**【解答】** 質点の位置を時間で 2 回微分すると

$$v(t) = \frac{dx}{dt} = \frac{d}{dt}(A\cos\omega t) = -A\omega\sin\omega t,$$

$$a(t) = \frac{dv}{dt} = \frac{d}{dt}(-A\omega\sin\omega t) = -A\omega^2\cos\omega t = A\omega^2\cos(\omega t + \pi).$$

加速度は位置に対して，位相が $\pi$ だけずれ，振幅は $\omega^2$ 倍される．しかし，周期はともに $\frac{2\pi}{\omega}$ のままである．

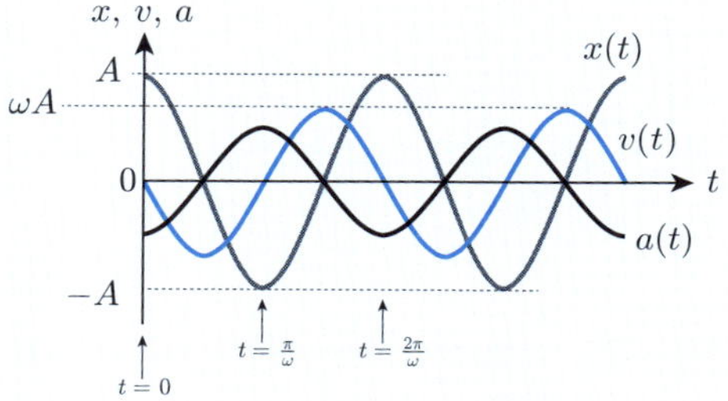


■

前節では，積分することにより速度から位置を求めた．同様に，加速度から位置を求めてみよう．

**確認 例題 2.3**

1 次元上を運動する質点の加速度が

$$a = -g$$

であることがわかっているとする．ただし $g$ は正の定数である（**等加速度**

**運動**）．質点の加速度を時間に関して2回積分することによって，位置 $x(t)$ を時間 $t$ の関数として求めよ．積分を2回行うので積分定数が2つ必要になることに注意せよ．また，この2つの積分定数の物理的な意味を答えよ．

**【解答】** 質点の速度を $v(t)$ とすると

$$v(t) = \int a(t)\,dt = -gt + C_1 \qquad \Longleftarrow \textbf{1 回目の積分}\ (C_1 \textbf{ は積分定数})$$

$$x(t) = \int v(t)\,dt = -\frac{1}{2}gt^2 + C_1 t + C_2 \qquad \Longleftarrow \textbf{2 回目の積分}\ (C_2 \textbf{ は積分定数})$$

$x(t)$ と $v(t)$ の表式に $t = 0$ を代入すると，それぞれ $x(0) = C_2$, $v(0) = C_1$ を得る．すなわち，積分定数 $C_1$ は $t = 0$ における質点の速度（**初速度**）を，$C_2$ は $t = 0$ における質点の位置（**初期位置**）を意味している．したがって，**2つの積分定数を与えることは，この運動の初期条件を指定することを意味する**．■

加速度の単位は(2.5)式から，（速度）÷（時間）または（距離）÷（時間×時間）であることがわかる．よってMKS単位系における加速度の単位は m/s$^2$ となる．これは「メートル毎秒毎秒（まいびょうまいびょう）」と読む．

## 2.4 運動方程式と力

物体にはたらく力を $\boldsymbol{F}$，物体の質量を $m$，物体の速度を $\boldsymbol{v}$ とする．力と速度は大きさと向きをもつ量（**ベクトル量**）であり，質量は大きさのみをもつ量（**スカラー量**）である．このとき，物体の運動は

$$\boldsymbol{F} = \frac{d(m\boldsymbol{v})}{dt} \tag{2.6}$$

に従う．(2.6)式が運動方程式の一般的な表式である．

質量 $m$ が時間によらず一定，すなわち $m =$ 一定，つまり $\dot{m} = 0$ であるような特別な場合には，(2.6)式を

$$\boldsymbol{F} = m\,\frac{d\boldsymbol{v}}{dt} = m\boldsymbol{a}, \quad \text{あるいは}, \quad \boldsymbol{F} = m\,\frac{d^2\boldsymbol{r}}{dt^2} \tag{2.7}$$

のように書き直すことができる．ここで $\boldsymbol{a}$ は物体の加速度ベクトルを，$\boldsymbol{r}$ は物体の位置ベクトルを表す．1.2 節で見た運動方程式 (1.1) は，**質量が一定の場合の運動方程式** (2.7) のことであった．

$\boldsymbol{F} = 0$ のとき，(2.7) 式より，$0 = \frac{d\boldsymbol{v}}{dt}$ となる．つまり，質点が力を全く受けないとき，質点は加速されない，すなわち，質点は等速直線運動をすることを意味している．これは運動の第 1 法則に他ならない．この場合のように，力を受けずに運動する粒子のことを**自由粒子**という．

物体の質量が一定のときの運動方程式 (2.7) は，次章以降，何度も利用することになる．**質量が変化する場合の運動方程式** (2.6) については，第 5 章で考察する．

運動方程式を使って，力学の問題を解く練習は次章から行うことにして，この章の最後に力の単位について考えておこう．

**MKS 単位系では力の単位は N（ニュートン）である**．(2.7) 式より，1 N は 1 kg の物体に 1 m/s$^2$ の加速度を生じさせる力とみなすことができる．

**確認　例題 2.4**

ニュートン N をメートル m，キログラム kg，秒 s を使って表せ．

**【解答】** (2.7) 式より，

$$\begin{aligned}(\text{力の単位}) &= (\text{質量の単位}) \times (\text{加速度の単位}) \\ &\Longrightarrow \quad \mathrm{kg \cdot m \cdot s^{-2}}.\end{aligned}$$

■

力学に登場する種々の量（位置，速度，力など）は，“長さ L（ength)”，“質量 M（ass)” および “時間 T（ime)” の 3 つの**次元** L, M, T を使って表すことができる．例えば，変数 $l$ が距離を表す場合，「$l$ は長さの次元をもつ」といい，$[l] = \mathrm{L}$ と表記する．同様に “速度”，“加速度” および “力” の次元は

$$[\text{速度}] = \frac{\mathrm{L}}{\mathrm{T}} = \mathrm{LT^{-1}},$$

$$[\text{加速度}] = \frac{\mathrm{L}}{\mathrm{T}\cdot\mathrm{T}} = \mathrm{LT}^{-2},$$

$$[\text{力の単位}] = \mathrm{M} \times [\text{加速度}] = \mathrm{MLT}^{-2}$$

のように求まる．

何かの計算をしていて，どうしても正解が得られない場合は，次元を調べてみることを勧める．**式変形の各段階で次元を調べ，変形の前後で次元が一致していなければ，その箇所に計算ミスがあるはずだ．**

## 第2章　演習問題

**2.1**　(1)　合成関数の微分の式 (2.4) を使って，$(\cos t)^{-1}$ の導関数を求めよ．

**ヒント**：$f(x) = x^{-1}$ および $x(t) = \cos t$ とすれば

$$\frac{d}{dt}(\cos t)^{-1} = \frac{d}{dt} f\bigl(x(t)\bigr).$$

ここで (2.4) 式 $\frac{d}{dt} f(x(t)) = \frac{dx}{dt}\frac{df}{dx}$ を使う．

(2)　$\tan t$ の導関数を求めよ．

**ヒント**：$\tan t = \frac{\sin t}{\cos t} = \sin t \times (\cos t)^{-1}$ に関数の積の導関数の式 (2.3) を適用する．

**2.2**　(1)　$u$ および $v$ は，ともに $t$ を変数とする関数であるとする．このとき，部分積分の公式

$$\int u'v\,dt = uv - \int uv'\,dt$$

を関数の積の導関数の式 (2.3) の両辺を $t$ で積分することにより導け．

(2)　$\ln t$ の不定積分を計算せよ．ここで ln は $e$ を底とする対数のことである．

**2.3**　(1)　導関数の定義式 (2.1) を，ベクトルの各成分に適用すると，ベクトル $\boldsymbol{a}(t)$ の微分は

$$\frac{d\boldsymbol{a}}{dt} = \lim_{\Delta t \to 0} \frac{\boldsymbol{a}(t+\Delta t) - \boldsymbol{a}(t)}{\Delta t}$$

と定義できる．$\boldsymbol{a}(t+\Delta t)$ は，$\Delta t$ が微小なとき

$$\boldsymbol{a}(t+\Delta t) \simeq \boldsymbol{a}(t) + \frac{d\boldsymbol{a}}{dt}\,\Delta t$$

と近似できること♠3 を用いて，以下の関数の積およびスカラー積（内積）の導関数を求めよ．

i.　スカラー関数 $f$ とベクトル $\boldsymbol{r}$ の積 $f(t)\boldsymbol{r}(t)$

---

♠3 付録 A，A.6.4 参照．

ii.　ベクトル $\boldsymbol{a}$ と ベクトル $\boldsymbol{b}$ の**スカラー積**（**内積**）$\boldsymbol{a}(t)\cdot\boldsymbol{b}(t)$

(2)　ベクトル $\boldsymbol{v}(t)$ の 2 乗 $|\boldsymbol{v}|^2$ の導関数を求めよ．

**2.4**　質量 $m$ の物体が図に示すような状態で静止している．すなわち，物体にはたらく力の合力は零である．重力加速度の大きさを $g$ として，以下の問いに答えよ．

(1)　図 (a) において，物体をつるす糸の張力の大きさ $T$ と，その糸がつながれた杭が糸を引く力の大きさ $F$ を $g$, $m$ を用いて表せ．

(2)　図 (b) において，斜面上向きにはたらく摩擦力の大きさ $f$ と，斜面に垂直上向きにはたらく垂直抗力の大きさ $N$ を $g$, $m$, $\theta$ を用いて表せ．

(3)　物体は 2 本の糸につながれている．一方の糸は，他端が壁につながれ，鉛直方向と $\theta$ の角度をなし，その張力は $T$ であった．もう一方の糸は，大きさ $F$ の力で手で引っ張られている（図 (c)）．手が引く力の，水平方向の成分の大きさ $F_{//}$ と，鉛直方向（上向き）成分の大きさ $F_{\perp}$ を $g$, $m$, $\theta$, $T$ を用いて表せ．

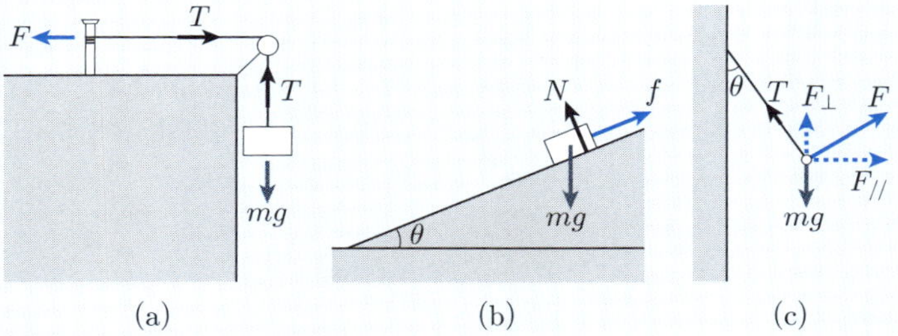


**2.5**　**2 次元極座標**では，平面内の質点の位置を，質点の原点 O からの距離 $r$ と，原点と質点を結ぶ線分と $x$ 軸のなす角 $\theta$ を使って表す．$x$ 軸に平行な単位ベクトル $\widehat{\boldsymbol{x}}$ と $y$ 軸に平行な単位ベクトル $\widehat{\boldsymbol{y}}$ を使うと，質点の位置ベクトルは

$$\boldsymbol{r} = r\cos\theta\widehat{\boldsymbol{x}} + r\sin\theta\widehat{\boldsymbol{y}}$$

となる．他方，図に示してあるように，$r$ が増加する向きをもつ単位ベクトル $\widehat{\boldsymbol{r}}$ と $\theta$ が増加する向きをもつ単位ベクトル $\widehat{\boldsymbol{\theta}}$ もよく利用される．（$\widehat{\boldsymbol{r}}$ の方向を**動径方向**，$\widehat{\boldsymbol{\theta}}$ の方向を**偏角方向**という．）これらを用いたときの質点の位置ベクトルは

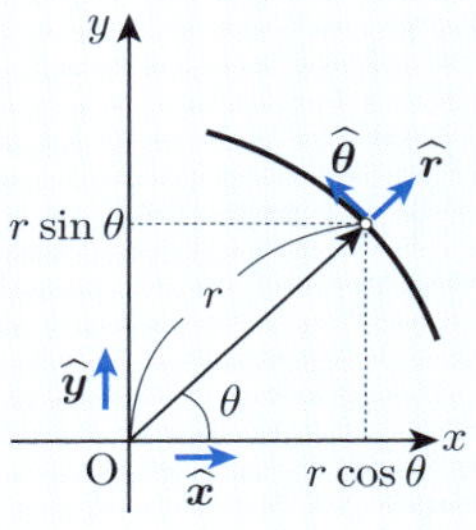


$$\boldsymbol{r} = r\widehat{\boldsymbol{r}}$$

である．

(1) 単位ベクトル $\widehat{\boldsymbol{r}}$ および $\widehat{\boldsymbol{\theta}}$ を，$\theta$, $\widehat{\boldsymbol{x}}$, $\widehat{\boldsymbol{y}}$ を用いて表せ．

(2) $\widehat{\boldsymbol{r}}$ および $\widehat{\boldsymbol{\theta}}$ は，質点の移動とともに向きを変える．よって，$r, \theta, \widehat{\boldsymbol{r}}, \widehat{\boldsymbol{\theta}}$ はすべて時間の関数である．他方，$\widehat{\boldsymbol{x}}$ および $\widehat{\boldsymbol{y}}$ は空間に固定された定ベクトルである．以上を参考に，$\widehat{\boldsymbol{r}}$ と $\widehat{\boldsymbol{\theta}}$ の時間微分を $\dot{\theta}, \widehat{\boldsymbol{r}}, \widehat{\boldsymbol{\theta}}$ を使って表せ．

(3) 質点の速度ベクトルと加速度ベクトルを $r, \theta$（および，それらの時間微分）と単位ベクトル $\widehat{\boldsymbol{r}}, \widehat{\boldsymbol{\theta}}$ を使って表せ．

**ちょっと寄り道** **専門，専門外**

先日，著者の母親が怒りながら買い物から帰ってきた．車の中で，子供の質問に専門家が答えるラジオ番組を聴いていたところ，「子供が『1メートルの長さはどうしてあの長さに決まったの？』と質問したのだけれど，『光の速さを2億なんとか万分の1で割る』とか難しい言葉ばかりを並べて，子供は全く納得していなかった」そうで，そのことでイライラさせられたらしい．（著者は問題のその番組を聴いていないので，実際の詳細については何も知らない．）著者の母親はテレビなどを見ていて，よく怒り出す人であるのだが，この日に限っては「ちょっとあんた代わりに答えてよ」とさらに踏み込んで質問してきた．30歳になるまで“すね”をかじらせ，博士号までとらせた息子が，ここで“不十分な”回答をすると，母親の怒りがさらに増幅されると思い，体から汗がにじみ出てくるのを感じた．少し考えた後，恐る恐る「あのくらいの長さが人間が使うには便利だからさ」と答えてみたところ，「そんなふうに答えてくれればよかったのよ」とまだ怒っていたが，そのまま台所に向かって行った．ラジオで質問していたという子供がその回答で納得したかどうかは定かではないが，母親に関しては一応は納得してくれたようだ．

さて，ここまで話して何が言いたかったのかといえば，“専門外の人と話をすることは重要である”ということである．自分が専門とすることを専門外の人に説明する場合，専門用語を使うわけにはいかないので，これが思いのほか難しい．説明する内容の本質を深く理解していないと，専門外の人に理解してもらうことは不可能であるのだ．つまり専門外の人と話すことによって，自分の専門知識を洗練させることが可能になるのだ．また，ときには思いがけない（突拍子もない）発想をもらったりすることもある．もっとも，こっちの話を聞いてもらおうと思っても「わからない」とか「難しい」と言われることがほとんどで，話相手を見つけるのが最大の難点ではあるのだけれど．（OM） □

# 第3章 運動の典型的な例

いよいよ力学の問題を考えるときが来た．基本的で典型的な力学の問題のいくつかをこの章で紹介する．必要となるのは，①系にはたらく力を知り，②運動方程式を導き，③それを解き，そして最後に，④現象の物理を理解することである．

## 3.1 物体の自由落下

地上では，空中で質量をもつ物体から手を離すと，物体は落下する．物体は地面方向に引かれるのである．この力を**重力**という．これは**万有引力**として知られる，質量をもつ物体同士が引き合う力そのものである．つまり，**地上にある物体と地球が互いに引き合う力が，重力の正体なのである**♠1．

**万有引力の法則**によれば

- 地上にある物体は，地球の中心に向かって引かれる
- 地球の中心から離れるにつれて，この引力の大きさは小さくなる

けれど，日常生活で問題にするくらいの空間の広がりを考えるのであれば

- 地表は（ほぼ）平面である
- 我々が問題にする高さは，地球の半径（約 6400 キロメートル）に比べてはるかに小さい

ので，物体にはたらく重力は

- 向きが鉛直下向きで
- 大きさは高さに関係なく，考える物体ごとに一定

とみなしてよいだろう．

---

♠1 第 1 章で勉強した運動の第 3 法則（作用・反作用の法則）より，物体が地球から受ける力を作用とすると，地球が物体から受ける力は反作用であるから，両者の大きさは等しい．ところが地球の質量は非常に大きい（約 $6 \times 10^{24}$ kg）．運動の第 2 法則（運動方程式）より，物体の加速度は物体の質量に反比例するので，地球の加速度はほぼ零ということになる．我々の手を離れて落下した物体に向かって，地球全体が動き出すようなことはないのである．

**確認 例題 3.1**

　ある物体にはたらく重力の大きさは，その物体の質量に比例することが経験則としてわかっている．この比例定数を $g$ としたとき，定数 $g$ がもつ次元は何か．

**【解答】**　題意より

$$(\text{重力}) = g \times (\text{物体の質量})$$

の関係がある．この関係式と運動方程式の表式 (2.7) 式を比較すると，定数 $g$ は加速度の次元をもっていることがわかる．よって $[g] = \mathrm{LT}^{-2}$． ■

　このように，比例定数 $g$ は加速度の次元をもっているので，**重力加速度の大きさ**とよばれる．また，その大きさは

$$g = 9.8\,\mathrm{m/s^2}$$

であることが知られている．

　重力の大きさを $F$，物体の質量を $m$ とすると，両者は比例定数 $g$ で比例関係にあるので $F = gm$ と書きたくなるところだが，重力の大きさは

$$F = mg$$

のように表記するのが慣例となっている．我々も，これに従うことにしよう．

　さて，落下の問題を考えよう．まずは落下現象の本質的な要因である重力のみを考慮したいので，空気抵抗の影響は無視することにする．はたらく力が重力だけの落下現象を**自由落下**とよんでいる．

　真空中で何かを放り投げたり，投げ下ろしたりすることを想像してみよう．力学の問題は

　(1)　物体にはたらくすべての力を挙げ，

　(2)　(1) をもとに運動方程式を作る

ことから始まる．

**導入 例題 3.1**

質量 $m$ の物体の落下を考える．地表に平行な水平面内に $x$ 軸と $y$ 軸をとり，鉛直方向に $z$ 軸をとる．ただし，鉛直上方を $z$ 軸の正の向きとする．重力加速度の大きさを $g$ とし，空気抵抗は無視することにする．

(1)　物体にはたらく力 $\boldsymbol{F} = (F_x, F_y, F_z)$ を求めよ．

(2)　小問 (1) の結果をもとに運動方程式を作成し，物体の加速度 $\boldsymbol{a} = (a_x, a_y, a_z)$ を求めよ．

(3)　小問 (2) で求めた加速度 $\boldsymbol{a}$ を時間 $t$ について積分し，物体の速度 $\boldsymbol{v} = (v_x, v_y, v_z)$，および位置 $\boldsymbol{r} = (x, y, z)$ を，時間 $t$ の関数として求めよ．ただし $t = 0$ で $\boldsymbol{r} = (x_0, y_0, z_0)$, $\boldsymbol{v} = (v_{x0}, v_{y0}, v_{z0})$ であるとせよ（初期条件）．$x_0$, $y_0$, $z_0$, $v_{x0}$, $v_{y0}$, $v_{z0}$ はすべて定数である．

**【解答】** (1)　重力は鉛直下向き，すなわち $z$ 軸の負の向きで，その大きさは $mg$ である．また，重力以外の力ははたらかないので，$x$ および $y$ 方向の力は零である．よって

$$\boldsymbol{F} = (F_x, F_y, F_z) = (0, 0, -mg).$$

(2)　物体の質量が一定のときの運動方程式 $\boldsymbol{F} = m\boldsymbol{a}$ に小問 (1) の答えを代入すると

$$\begin{aligned} &\boldsymbol{F} = (0, 0, -mg) = m\boldsymbol{a} = (ma_x, ma_y, ma_z) \qquad (3.1)\\ \Longrightarrow\ &(a_x, a_y, a_z) = (0, 0, -g). \end{aligned}$$

(3)　前問の答えより，$x$ 方向の加速度は零である．零の不定積分は定数なので（定数を微分すると零なので），速度は

$$v_x = \int a_x\,dt = \int 0\,dt = C_1.$$

ここで $C_1$ は積分定数である．もう 1 度不定積分を行うことで，位置が得られる：

$$x = \int v_x\,dt = \int C_1\,dt = C_1 t + C_2.$$

$C_2$ も同様に積分定数である．初期条件（$t = 0$ で $x = x_0$ および $v_x = v_{x0}$）を代入すると

$$v_{x0} = C_1, \quad x_0 = C_1 \times 0 + C_2$$

となり，$C_1 = v_{x0}$, $C_2 = x_0$ と求まる．結局

$$x = v_{x0}t + x_0, \quad v_x = v_{x0}$$

が得られる．$y$ 方向についても $x$ 方向と同様にして

$$y = v_{y0}t + y_0, \quad v_y = v_{y0}.$$

水平方向には重力がはたらかないので，$x$, $y$ 成分の運動は等速直線運動となる．

次に $z$ 方向について，積分を実行する．$C_3$, $C_4$ を定数として

$$v_z = \int a_z\,dt = -\int g\,dt = -gt + C_3,$$

$$z = \int v_z\,dt = \int (-gt + C_3)\,dt = -\frac{1}{2}\,gt^2 + C_3 t + C_4.$$

初期条件（$t = 0$ で $z = z_0$ および $v_z = v_{z0}$）を代入すると

$$v_{z0} = -g \times 0 + C_3,$$

$$z_0 = -\frac{1}{2}\,g \times 0^2 + C_3 \times 0 + C_4$$

となり，$C_3 = v_{z0}$, $C_4 = z_0$ と求まる．結局

$$\boldsymbol{r} = (x, y, z) = \left(v_{x0}t + x_0,\ v_{y0}t + y_0,\ -\frac{1}{2}\,gt^2 + v_{z0}t + z_0\right), \tag{3.2}$$

$$\boldsymbol{v} = (v_x, v_y, v_z) = (v_{x0},\ v_{y0},\ -gt + v_{z0}) \tag{3.3}$$

が得られる．■

物体を投げ上げる場合でも，投げ下ろす場合でも，物体にはたらく力は空気抵抗を考えなければ，重力以外に存在しない．よって，導入例題 3.1 で導いた**運動方程式 (3.1) と，それを解くことで得られた位置 $\boldsymbol{r}$ と速度 $\boldsymbol{v}$ に対する表式 (3.2) と (3.3) は，空気抵抗のない落下運動に対して一般的に成り立つ**．

導入例題 3.1 を考えるときに，「鉛直下向きを $z$ 軸の正の向き」とする座標系を選択した場合，結果はどのように変更されるだろうか．その場合は，運動方程式 (3.1) において $z$ 方向の加速度が $-g$ から $g$ に変わる．運動方程式に出てくる $g$ の符号が変わるだけなので，結果についても，位置 $\boldsymbol{r}$ と速度 $\boldsymbol{v}$ の表式 (3.2) と (3.3) において $g \to -g$ の置き換えをすれば，それが答えとなる．

応用問題をやってみよう．

**基本 例題 3.1**

質量 $m$ の物体を，高さ $h$ の場所から，そっと落とした．物体が地上に到達するときの速度を求めよ．ただし，物体は鉛直線上を落下するものとする．また，重力加速度の大きさを $g$ とし，空気抵抗の影響は無視してよい．

**【解答】**　言葉で説明された状況設定を，数式で表さなければならない．まずは

- 座標系をどのようにとるか
- 初期条件は数式でどう表されるか

を考えると答えに至る道すじが見えてくる．

座標系に関しては，物体は鉛直線上を落下するので，1 次元座標があれば足りる．軸の名称と向きは，前の例題に倣って，鉛直上向きを正の向きとする $z$ 軸で考えよう．問題には "高さ $h$" と "地上" の 2 つの位置が登場するので，これらが座標軸のどこに位置するかを決める必要がある．これについては，地上を原点 $z=0$ とすると，物体を離す場所が $z=h$ となるので，考えやすいかもしれない．また，物体を離す瞬間を $t=0$ とすれば，これは 2 つの初期条件のうちの 1 つである初期位置を表すことになる．もう 1 つ，**速度に関する初期条件は「そっと落とした」という語句で表現されている．これは $t=0$ での物体の速度（初速度）は零という意味である**．

以上より，導入例題 3.1 で求めた位置 $\boldsymbol{r}$ と速度 $\boldsymbol{v}$ に対する一般表式である (3.2) 式と (3.3) 式の $z$ 成分において，$z_0=h,\ v_{z0}=0$ とした

$$z(t)=-\frac{1}{2}gt^2+h,\quad v_z(t)=-gt$$

が，時刻 $t$ での物体の位置 $z(t)$ と速度 $v_z(t)$ を与えることがわかる．

さて，問題は物体が地上に到達したときの速度を求めることである．ここで，物体が地上に到達する時刻を $t_1$ とすれば，その時刻に物体は地上にいるということなので，当然 $z(t_1)=0$ である．この時刻 $t=t_1$ を $v_z(t)$ の表式に代入した $v_z(t_1)$ が，求める速度ということになる．まず $z(t_1)=0$ の条件より

$$z(t_1)=-\frac{1}{2}gt_1^2+h=0\quad\Longrightarrow\quad t_1=\sqrt{\frac{2h}{g}}$$

のように $t_1$ が求まる．ただし，当然 $t_1 > 0$ なので，$t_1$ に関する2次方程式の正の解を選んだ．よって求める速度は

$$v_z(t_1) = -gt_1 = -\sqrt{2gh}$$

となる． ■

次に**放物線軌道**をとる落下運動を考えてみよう．

**基本 例題 3.2**

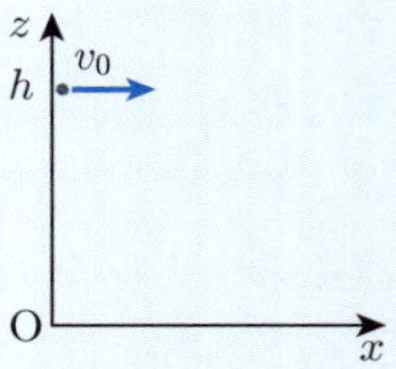


図のように水平方向右向きを $x$ 軸の正の向き，鉛直上向きを $z$ 軸の正の向きとする座標を考える．質量 $m$ の物体を，$(x, z) = (0, h)$ の位置から，水平右向きに初速 $v_0$ を与えて落下させた．重力加速度の大きさを $g$ とし，空気抵抗の影響は無視してよい．

(1) 物体が地上に到達するまでに，水平方向に移動した距離を求めよ．

(2) 物体が $x$–$z$ 平面内でとる軌道を表す式を求め，軌道を図示せよ．

**【解答】** (1) 指定された座標系は鉛直上向きが $z$ 軸の正の向きなので，同じ座標系をとる導入例題3.1の結果をそのまま利用してよいことになる．物体の軌道は $x$–$z$ 平面上を描くので，$y$ 成分について考える必要は全くない．そこで (3.2) と (3.3) 式の $x$, $z$ 成分に，初期条件（$t = 0$ で $x = 0$, $z = h$, $v_x = v_0$, $v_z = 0$）を代入して積分定数を決めると

$$x(t) = v_0 t, \quad z(t) = -\frac{1}{2}gt^2 + h, \quad v_x = v_0, \quad v_z(t) = -gt \tag{3.4}$$

と定まる．時刻 $t = t_1$ で地上に到達したと考えると，$z(t_1) = 0$ が成り立つので (3.4) 式の $z(t)$ の表式より

$$z(t_1) = -\frac{1}{2}gt_1^2 + h = 0 \quad \Longrightarrow \quad t_1 = \sqrt{\frac{2h}{g}}.$$

求める距離は $x(t_1)$ に等しい．よって，物体が地上に到達するまでに，水平方向を移動した距離は

$$x(t_1) = v_0\sqrt{\frac{2h}{g}}$$

と求まる.

(2) (3.4) 式の $x(t)$ の表式より $t = \frac{x}{v_0}$. これを $z(t)$ の式に代入して $t$ を消去すると

$$z = -\frac{g}{2v_0^2}x^2 + h$$

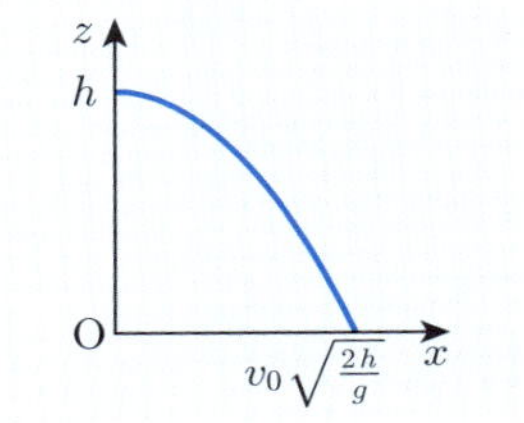


を得る. この 2 次曲線の $x \geq 0$, $z \geq 0$ の部分が物体が描く $x$–$z$ 面内の軌道となる. 軌道が $x$ 軸と交わる点の $x$ 座標は, 確かに小問 (1) で求めた値と等しくなっている. ■

## 3.2 空気抵抗を受けた物体の落下

歩いているときにはあまり気にならないが, 自転車に乗って走ると空気抵抗をはっきりと感じる. これは速度が増すほど, 空気抵抗が強くなるからである.

物体が受ける**空気抵抗力** $\boldsymbol{f}$ が物体の速度 $\boldsymbol{v}$ に比例する場合, すなわち

$$\boldsymbol{f} = -b\boldsymbol{v} \tag{3.5}$$

である場合を考えてみよう ($b$ は正の比例定数). 物体の速度がそれほど大きくないときは, この関係が近似的に成り立つことが知られている.

**導入 例題 3.2**

(3.5) 式の $x$ 成分に注目する. ここで物体の速度の $x$ 成分を $v_x$, 空気抵抗力の $x$ 成分を $f_x$ とすると $f_x = -bv_x$ が成り立つ. $f_x$ は速度の大きさに比例して強くなる抵抗力を表すことを確かめよ.

**【解答】** (3.5) 式について両辺の絶対値をとった式, $|f_x| = |bv_x| = b|v_x|$ より, $v_x$ の大きさの増加とともに, $f_x$ の大きさも増加することがわかる. また, 物体が $x$ 軸の正の向きに移動しているときは, $v_x > 0$ であり, $f_x = -bv_x < 0$ であるため, $f_x$ は負の向きにはたらく力, すなわち進行方向と逆向きにはたらく力であることがわかる. 同様に, $x$ 軸の負の向きに移動するときは, $v_x < 0$ であり, $f_x = -bv_x > 0$ であるため, $f_x$ はやはり進行方向と逆向きにはたらいている. 以上より, $f_x$ は常に進行方向と逆向きにはたらく抵抗力であると結論される. ■

真空中を物体が落下する導入例題 3.1 の状況に，この空気抵抗力の効果が加わった場合を考えてみよう．

**確認 例題 3.2**

(3.5) 式の速度に比例する抵抗力がはたらく場合，導入例題 3.1 の運動方程式をどのように変更すればよいか．

**【解答】** 運動方程式に表れる力は，考える物体にはたらくすべての力のベクトル和である．よって，重力を表す (3.1) 式の $\boldsymbol{F}$ と (3.5) 式の空気抵抗力 $\boldsymbol{f}$ の和である $\boldsymbol{F} = (-bv_x, -bv_y, -mg - bv_z)$ が，物体にはたらく力となる．したがって，物体の質量が一定のとき，運動方程式は

$$\begin{aligned} \boldsymbol{F} &= (-bv_x, -bv_y, -mg - bv_z) \\ &= m\boldsymbol{a} = (ma_x, ma_y, ma_z) \\ \Longrightarrow \quad (a_x, a_y, a_z) &= \left(-\frac{b}{m}v_x, -\frac{b}{m}v_y, -g - \frac{b}{m}v_z\right) \end{aligned}$$

に変更される．■

空気抵抗力を考慮した運動方程式を考察しよう．空気抵抗力を表す項には速度 $\boldsymbol{v} = (v_x, v_y, v_z)$ が現れる．そこで，加速度を $\boldsymbol{a} = \left(\frac{dv_x}{dt}, \frac{dv_y}{dt}, \frac{dv_z}{dt}\right)$ というように速度を使った表記に変更すると，運動方程式の各成分は

$$\frac{dv_x}{dt} = -\frac{b}{m}v_x, \quad \frac{dv_y}{dt} = -\frac{b}{m}v_y, \quad \frac{dv_z}{dt} = -g - \frac{b}{m}v_z \tag{3.6}$$

と書ける．$x$ 成分と $y$ 成分は同じ方程式に従うので，以降は $x$ 成分と $z$ 成分に注目する．

まずは $x$ 成分の速度を考察しよう．抵抗力を受けて減速することは明白であるが，運動方程式の解き方と，得られた解の振る舞いを詳しく見てみよう．

**導入 例題 3.3**

運動方程式 (3.6) を以下の手順に従って解くことにより，速度成分 $v_x$ を時刻 $t$ の関数 $v_x(t)$ として求めよ．初速は $v_x(0) = v_{x0}$（$v_{x0}$ は定数）とする．

(1)　$v_x$ に関する**微分方程式**を以下のように変形する．

$$\frac{dv_x}{dt} = -\frac{b}{m}v_x \quad \text{—— } v_x \text{ に関する運動方程式}$$

$$\Longrightarrow \frac{1}{v_x}\,dv_x = -\frac{b}{m}\,dt \quad \text{—— } v_x \text{ と } dv_x \text{ を左辺に，} dt \text{ を右辺に移動}$$

$$\Longrightarrow \int \frac{1}{v_x}\,dv_x = -\frac{b}{m}\int dt. \text{—— 積分の記号 } \textstyle\int \text{ を付加}$$

2 番目の等式のように，$v_x$ と $t$ を左辺と右辺に分けた形を**変数分離形**とよぶ．最後の等式で両辺の積分を実行し，$v_x$ の表式を求めよ．積分定数が必要であることに注意すること．

(2)　初期条件を代入し，積分定数を決定せよ．

**【解答】**　(1)　両辺の積分を実行すると，積分定数を $C$ として

$$\ln v_x = -\frac{b}{m}t + C \quad \Longrightarrow \quad v_x = e^{-\frac{b}{m}t+C} = e^C \cdot e^{-\frac{b}{m}t}.$$

(2)　$v_x(0) = v_{x0}$ を小問 (1) の答えに代入すると

$$v_x(0) = e^C = v_{x0} \quad \Longrightarrow \quad v_x(t) = v_{x0}\,e^{-\frac{b}{m}t}.$$

$v_x$ は**指数関数的に減少**することが導かれた．■

空気抵抗がはたらく場合，水平方向の速度成分 $v_x(t)$ は $t \to \infty$ の極限で零になることがわかる．

重力がはたらく鉛直方向の速度成分 $v_z$ はどうだろう．これも変数分離形にすることで，同様に求めることができるが，ここでは積分をせずにいくつかの結論を導いてみよう．

**基本 例題 3.3**

例えば，鉛直方向の初速が零 ($v_{z0}=0$) であったとする．落下が始まった直後は速度が小さいので，受ける抵抗力も小さい．落下が進むにつれ速度が増し，受ける抵抗力も大きくなってくる．

(1)　さらに速度が増し，落下する物体にはたらく重力と空気抵抗力の大きさが同じになったとする．その後の速度変化，具体的には $\frac{dv_z}{dt}$ の値はどのようになるか．

(2)　十分に時間が経過した後の速度を $v_z^*$ と書くことにする．この値を (3.6) 式から推測せよ．

**【解答】** (1)　鉛直下向きの重力と上向きの空気抵抗力の大きさが同じになるので，落下する物体にはたらく合力は零になる．よって加速度が零，つまり速度変化がなくなるので，$\frac{dv_z}{dt}=0$ の状態が実現される．

(2)　小問 (1) の結果より，十分に時間が経った後は $\frac{dv_z}{dt}=0$ かつ $v_z=v_z^*$ の状態が実現されるので，(3.6) 式の最後の式より

$$\left.\frac{dv_z}{dt}\right|_{v_z=v_z^*}=-g-\frac{b}{m}v_z^*=0 \quad\Longrightarrow\quad v_z^*=-\frac{mg}{b}.$$

$v_z^*$ は落下する物体が最終的に到達する速度であり，**終端速度**とよばれる．■

## 3.3　振動：ばね振動子の運動

図のように，壁にばねの一端を固定し，もう一方の端に質量 $m$ のおもりをとり付ける．おもりを指でつまんで引っ張ると，ばねは伸びも縮みもない**自然長**の状態に戻ろうと指を引っ張りかえす．反対にばねを押し込んでもやはり自然長の状態に戻ろうと指を押し返す．

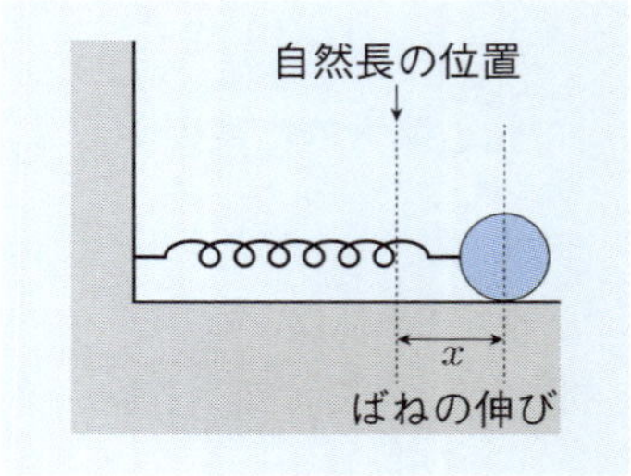


このようにばねは自然長の状態にあるときが**安定**であり，伸びや縮みがある場合は，それらをなくそうとする力がはたらく．このように安定な状態に戻ろうとする力を**復元力**という．

ばねの伸びを $x$ としたとき，ばねがおもりにおよぼす力 $F$ が

$$F = -kx \tag{3.7}$$

のように $x$ に比例する場合を考えよう．この $F$ と $x$ の関係は**フックの法則**として知られている．$k$ は**ばね定数**とよばれる正の定数である．

**導入 例題 3.4**

簡単のため，図のばねは水平方向のみに伸び縮みするものと考えよう．また向かって右を $x$ 軸の正の向きとし，ばねが自然長にあるときの，おもり（質点とみなす）の位置を原点とする．ばねがおもりにおよぼす力がフックの法則 (3.7) に従うとすると，その力は復元力であることを確かめよ．

**【解答】**　おもりを右に引っ張ると，おもりの位置 $x$ は $x > 0$ であり，(3.7) 式より $F < 0$ となる．これは正の位置（$x > 0$）にあるおもりには，負の向きに力がはたらいていることを意味する．つまり，ばねはおもりを原点の向きに引いている．反対に，おもりを左に押し込んだ場合は $x < 0$ なので $F > 0$．これは負の位置（$x < 0$）にあるおもりを，ばねが原点の向きに押すことを意味している．いずれの場合も，ばねがおもりにおよぼす力は，ばねにとって安定な位置である原点を向いているので，(3.7) 式で表される力は復元力であると結論される．■

フックの法則 (3.7) に従うばねとおもりとから成る系の運動を考えよう．簡単のため，おもりと床の間に摩擦はないものとしよう．この系の運動方程式は $x$ 方向の加速度を $a_x$ とすると $ma_x = -kx$ となる．$a_x = \frac{d^2x}{dt^2}$ の関係より，変数 $x$ だけを使うように書き換えると，運動方程式は

$$m\frac{d^2x}{dt^2} = -kx \tag{3.8}$$

となる．運動方程式 (3.8) は 2 階の微分方程式とよばれるものであり，もちろん数学の知識を使えば解くことができる．しかし，まずは物理の問題として考えてみると

- おもりを引っ張るか，または押し込んだ後に手を離すと，おもりは伸縮を繰り返す振動（ばね振動）を行うこと

が予想され，また運動方程式 (3.8) を眺めてみると

● 変数 $x$ を時間 $t$ で2回微分すると，係数 $-\frac{k}{m}$ を除いて $x$ に戻ることに気が付く．この2点は，変数 $x$ が三角関数によって表される可能性があることを強く示唆している．そこで (3.8) 式の解として

$$x(t) = A\sin(\omega t + \phi) \tag{3.9}$$

の形を仮定してみよう．$A$, $\omega$, $\phi$ はいずれも定数とする．三角関数の公式より ♠2，(3.9) 式で $A \to -A$ とすると

$$x(t) \to -A\sin(\omega t + \phi) = A\sin\bigl(\omega t + (\phi + \pi)\bigr),$$

$\omega \to -\omega$ とすると

$$x(t) \to A\sin(-\omega t + \phi) = A\sin\bigl(\omega t + (\pi - \phi)\bigr),$$

となることが示せる．また，$A = 0$ や $\omega = 0$ としてしまうと，$x$ は定数となり，振動を表すことにならない．以上より，定数 $A$ と $\omega$ は正と仮定してよいことになる．また，当然，$\sin(\omega t + \phi \pm 2\pi) = \sin(\omega t + \phi)$ なので，$0 \leq \phi < 2\pi$ と仮定してよい．

**確認 例題 3.3**

(3.9) 式が微分方程式 (3.8) の解となることを確かめよ．定数 $A$, $\omega$, $\phi$ が決定できる場合は，それらも求めよ．

**【解答】** (3.9) 式で与えられた $x(t)$ を，(3.8) 式の左辺と右辺にそれぞれ代入すると

$$\begin{aligned}(\text{左辺}) &= m\frac{d^2x}{dt^2} = m\frac{d^2}{dt^2}A\sin(\omega t + \phi)\\ &= m\frac{d}{dt}\omega A\cos(\omega t + \phi) = -m\omega^2 A\sin(\omega t + \phi),\\ (\text{右辺}) &= -kx = -kA\sin(\omega t + \phi).\end{aligned}$$

(左辺) = (右辺) であるためには

$$m\omega^2 = k \quad \Longrightarrow \quad \omega = \sqrt{\frac{k}{m}} \tag{3.10}$$

♠2 付録 A，A.3 参照．

という関係が成立していなければならない．逆に言うと，定数 $\omega$ が (3.10) 式で与えられていさえすれば，(3.9) 式で表される $x(t)$ が運動方程式 (3.8) の解となっていることが示せたことになる．■

$x$ を力学変数，$\omega$ を定数として

$$\ddot{x} = -\omega^2 x \tag{3.11}$$

の形で表される運動方程式は，(3.9) 式の形の振動解をもつことが確認例題 3.3 の解答で証明された．一般に，(3.9) 式で表される運動を**単振動**という．また，(3.9) 式を**単振動解**という．さらに，(3.11) の形の運動方程式を角振動数 $\omega$ の**単振動の運動方程式**という．

以上より，ばね振動子のおもりの位置 $x(t)$ と速度 $v_x(t)$ の一般解は

$$x(t) = A\sin\left(\sqrt{\frac{k}{m}}\,t + \phi\right), \quad v_x(t) = A\sqrt{\frac{k}{m}}\cos\left(\sqrt{\frac{k}{m}}\,t + \phi\right) \tag{3.12}$$

と求まった．ここまでで，定数 $\omega$ の表式を求めることはできたが，残りの定数 $A$ と $\phi$ を決定することはできなかった．落下の問題で扱った 2 つの積分定数と同じように，これらは初期条件から決定する必要がある．定数 $A, \omega, \phi$ の意味を考える前に，まずは定数 $A$ および $\phi$ の決め方を見てみよう．

**確認　例題 3.4**

おもりを $x = x_0$（$x_0$ は正の定数）の位置まで引っ張って，静かに手を離したら，おもりは振動を始めた．手を離した時刻を $t = 0$ とする．このときの定数 $A$ と $\phi$ を求めよ．

**【解答】**　初期条件は $x(0) = x_0$, $v_x(0) = 0$ であり，これらを一般解 (3.12) に課すと

$$x(0) = A\sin\phi = x_0, \quad v_x(0) = A\sqrt{\frac{k}{m}}\cos\phi = 0.$$

$A > 0$ と仮定しているので，最初の条件式より $\sin\phi > 0$ を得る．また 2 番目の条件から $\cos\phi = 0$ を得る．これらの条件を満たす $0 \leq \phi < 2\pi$ は，$\phi = \frac{\pi}{2}$

である．これを $x(0)$ に関する条件式に代入すると，$A = x_0$ と求まる． ■

確認例題 3.4 で求めた，おもりの位置 $x(t)$ と速度 $v_x(t)$ は

$$x(t) = x_0 \sin\left(\sqrt{\frac{k}{m}}\,t + \frac{\pi}{2}\right) = x_0 \cos\sqrt{\frac{k}{m}}\,t,$$

$$v_x(t) = x_0\sqrt{\frac{k}{m}} \cos\left(\sqrt{\frac{k}{m}}\,t + \frac{\pi}{2}\right) = -x_0\sqrt{\frac{k}{m}} \sin\sqrt{\frac{k}{m}}\,t$$

となった．$x = x_0$ まで引っ張って静止させたおもりから時刻 $t = 0$ で手を離すと，おもりはばねの復元力により原点方向に加速され，時刻 $t = \frac{\pi}{2}\sqrt{\frac{m}{k}}$ で最高速度 $-x_0\sqrt{\frac{k}{m}}$ に達した瞬間に原点を右から左に通過する．その後はばねが縮み始めるので，おもりは $x$ 軸の正の向きに力を受け，減速が始まり，時刻 $t = \pi\sqrt{\frac{m}{k}}$ で $x = -x_0$ の位置で一瞬速度が零になる．すると今度はばねが押し戻す力により，おもりは $x$ 軸の正の向きに動き始め，時刻 $t = \frac{3\pi}{2}\sqrt{\frac{m}{k}}$ で最高速度 $+x_0\sqrt{\frac{k}{m}}$ で原点を左から右に通過し，時刻 $t = 2\pi\sqrt{\frac{m}{k}}$ で $x = x_0$ に到達し一瞬止まる．このとき系の状態は，$t = 0$ で手を離した直後と全く同じ状態に戻っており，おもりは再び原点に向かって動き始めることになる．以降，おもりは**周期**

$$T = 2\pi\sqrt{\frac{m}{k}} = \frac{2\pi}{\omega} \tag{3.13}$$

ごとに同じ動作を繰り返す．

それでは，(3.9) 式の定数 $A, \omega, \phi$ の意味を考えてみることにしよう．まず，おもりの位置の上限および下限（$x = \pm A$）を決める $A$ は**振幅**とよばれる．おもりの振れ幅は $2A$ で与えられることになる．次に三角関数の引数は**位相**

$$\theta = \omega t + \phi = \frac{2\pi}{T}\,t + \phi \tag{3.14}$$

を表す．確認例題 3.3 の解答で証明したばね振動の一般解 (3.9) 式において，位相 $\theta = \frac{\pi}{2}$ がばねが最も伸びている状態に，$\theta = 0, \pi$ がばねが自然長にある状態に，$\theta = \frac{3\pi}{2}$ がばねが最も縮んでいる状態にそれぞれ対応している．時間 $t$ が周期 $T$ だけ進むと，位相は $2\pi$ 進むことに注目しよう．$\phi$ は $t = 0$ における位相を表すので**初期位相**とよばれる．$\omega$ は**角振動数**とよばれ，周期 $T$ と $\omega T = 2\pi$ の

関係をもつ．**角振動数 $\omega$ を「位相が進む速度のようなもの」と考えるとわかりやすいかもしれない．角振動数が大きければ位相は速く進む．このことは，ばねにつながれたおもりが激しく振動することを意味する**．ばね振動子の角振動数は $\omega = \sqrt{\frac{k}{m}}$ で与えられるので

- ばね定数 $k$ が大きい（ばねが強い）か，おもりの質量 $m$ が小さい場合，$\omega$ は大，よって $T$ は小となり，振動は激しくなる
- ばね定数 $k$ が小さい（ばねが弱い）か，おもりの質量 $m$ が大きい場合，$\omega$ は小，よって $T$ は大となり，振動はゆっくりとした動きになる

ということになる．

振幅 $A$ および 初期位相 $\phi$ を決定する問題をもう 1 問解いてみよう．

**基本 例題 3.4**

原点 $x = 0$ にあるおもりに対して，時刻 $t = 0$ で負の向きに打撃を加え，初速 $v_x(0) = -v_0$ を瞬間的に与えた．ただし $v_0$ は正の定数．このときの定数 $A$ と $\phi$ を求めよ．

**【解答】**　確認例題 3.4 と同様の計算を行う．一般解 (3.12) に初期条件 $x(0) = 0$, $v_x(0) = -v_0$ を課すと

$$x(0) = A\sin\phi = 0, \quad v_x(0) = A\sqrt{\frac{k}{m}}\cos\phi = -v_0.$$

$A > 0$ と仮定しているので，最初の等式から $\sin\phi = 0$ である．また，第 2 式より $\cos\phi < 0$ でなければならない．これらの条件を満たす $\phi$ は，$0 \leq \phi < 2\pi$ より $\phi = \pi$ と決まる．これを後者の等式に代入すると，$A = v_0\sqrt{\frac{m}{k}}$ と求まる．■

**単振動のまとめ**

- $\ddot{x} = -\omega^2 x$ の形の微分方程式は，振動数 $\omega$ の単振動解をもつ
- 振動数 $\omega$ の単振動は $x(t) = A\sin(\omega t + \phi)$ で表され，$A$ は振幅，$\phi$ は初期位相である
- 振動の周期 $T$ と角振動数 $\omega$ の間に $\omega T = 2\pi$ の関係がある

## 3.4 等速円運動

回転運動は日常に溢れている．車輪の回転のおかげで遠距離の通勤，通学ができるし，スマートフォンのバイブレーションもモーターの回転によって発生される．我々が生活している地球は太陽の周りを公転しているけれども，それもまた回転運動である．

この節では，一定の速度で円周上を運動する質点の等速円運動を考えてみる．そのために，まずは円周軌道の座標はどのように表されるか，考えてみることにしよう．

2 次元平面上を移動する質点の位置 $\boldsymbol{r} = (x, y)$ を極座標表示する：

$$\boldsymbol{r} = (x, y) = (r\cos\theta, r\sin\theta).$$

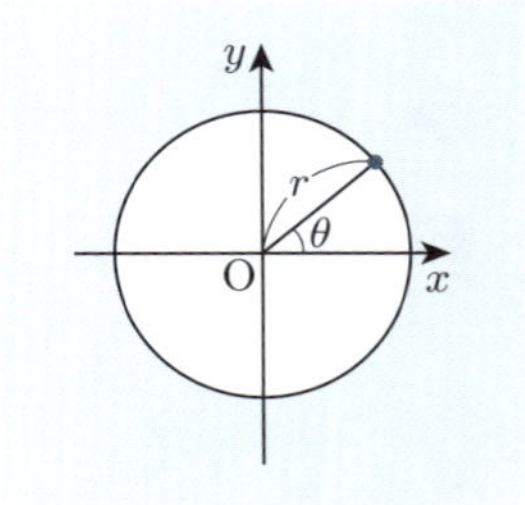


原点から質点までの距離 $r$ を**動径**，ベクトル $\boldsymbol{r}$ と $x$ 軸がなす角度 $\theta$ を**偏角**という．$r > 0,\ 0 \leq \theta < 2\pi$ とする（図参照）．

**導入 例題 3.5**

動径 $r$ が一定で，偏角が時刻 $t$ の関数として $\theta = \frac{2\pi}{T}t + \phi$ で表されるものとする．つまり，質点の座標 $(x, y)$ は

$$x(t) = r\cos\left(\frac{2\pi}{T}t + \phi\right), \quad y(t) = r\sin\left(\frac{2\pi}{T}t + \phi\right) \tag{3.15}$$

で与えられる．ただし $T$ と $\phi$ は定数であり，$T > 0,\ 0 \leq \phi < 2\pi$ とする．質点はどのような動きをするか．$T$ および $\phi$ の意味も合せて考察せよ．

**【解答】**　時刻 $t$ での質点の座標 (3.15) は，半径 $r$ の円周上において偏角が $\frac{2\pi}{T}t+\phi$ である位置を表す．$T > 0$ より，時間 $t$ が進むと偏角は増加する．すなわち，質点は半径 $r$ の円周上を一定の速さで**反時計回り**に動くことになる．時間が $T$ だけ進むと，偏角は $2\pi$ 進む．つまり質点は $T$ だけ時間が経過すると元の位置に戻る．よって $T$ は円運動の周期である．また $\phi$ は $t = 0$ における質点の位置の偏角を与える．■

偏角を

$$\theta = \frac{2\pi}{T}t + \phi = \omega t + \phi \tag{3.16}$$

と表記してみよう．$\omega = \frac{2\pi}{T}$ の関係より，$\omega$ は単位時間当たりの偏角の増加を表していることがわかる．このことから $\omega$ は**角速度**とよばれる．$\phi$ は**初期偏角**，あるいは，(3.16) 式が振動の位相の式 (3.14) とまったく等しい♠3 ことから，(3.14) 式と同様に**初期位相**とよぶ．

**確認　例題 3.5**

一定の角速度 $\omega$（$> 0$）で半径 $r$ の円周上を反時計回りに運動する質点がある．質点の速度の大きさを $v$ とするとき，$v$ を $r$ および $\omega$ を用いて表せ．

**【解答】**　円運動の周期を $T$ とすると $\omega T = 2\pi$ が成り立つ．また時間 $T$ の間に質点は半径 $r$ の円周を 1 周するので，$vT = 2\pi r$ の関係も成り立つ．2 つの等式から $T$ を消去すると

$$v = r\omega \tag{3.17}$$

と求まる．■

確認例題 1.1 で既に考察したように，等速円運動を行う質点には何らかの力が作用しているはずである．そうでなければ 1.1 節で勉強した運動の第 1 法則（慣性の法則）に反することになってしまうからだ．この力がどのようなものであるかを，次に考えよう．

**導入　例題 3.6**

質量 $m$ の質点が，2 次元 $x$–$y$ 平面上を，原点を中心とする半径 $r$ の円周上を反時計回りに一定の角速度 $\omega$（$> 0$）で等速円運動している．質点の位置ベクトル $\boldsymbol{r}$ を成分表示すると，初期位相を $\phi$ として

---

♠3 前節のばね振動では $\omega > 0$ を仮定した．他方，円運動では $\omega$ の符号が意味をもち，$\omega > 0$ は反時計回りの，$\omega < 0$ は時計回りの円運動を表している．**時計回り**の円運動では，周期 $T$（$> 0$）に対して，角速度は $\omega = -\frac{2\pi}{T}$（$< 0$）で与えられる．

$$\boldsymbol{r} = \big(x(t), y(t)\big) = \big(r\cos(\omega t + \phi), r\sin(\omega t + \phi)\big)$$

となる．

(1)　質点の速度ベクトル $\boldsymbol{v}$ を与える表式と，その大きさ $v = |\boldsymbol{v}|$ を求めよ．

(2)　質点の加速度ベクトル $\boldsymbol{a}$ を与える表式と，その大きさ $a = |\boldsymbol{a}|$ を求めよ．また位置ベクトル $\boldsymbol{r}$ と加速度ベクトル $\boldsymbol{a}$ について，それらの向きがわかるような図を描け．

(3)　速度ベクトル $\boldsymbol{v}$ と加速度ベクトル $\boldsymbol{a}$ のスカラー積（内積）を求めよ．その結果をもとに $\boldsymbol{v}$ の向きがわかるように前問の図に書き加えよ．

(4)　運動方程式の表式から，質点の円運動を維持するために必要な力 $\boldsymbol{F}$ の大きさ $F$ と向きを求めよ．

**【解答】**　(1)　速度ベクトル $\boldsymbol{v}$ は位置ベクトル $\boldsymbol{r}$ を時間 $t$ で微分することにより

$$\boldsymbol{v} = \big(\dot{x}(t), \dot{y}(t)\big) = \big(-r\omega\sin(\omega t + \phi), r\omega\cos(\omega t + \phi)\big),$$

速度の大きさは

$$\begin{aligned} v = |\boldsymbol{v}| &= \sqrt{\dot{x}^2 + \dot{y}^2} \\ &= \sqrt{\big\{-r\omega\sin(\omega t + \phi)\big\}^2 + \big\{r\omega\cos(\omega t + \phi)\big\}^2} \\ &= \sqrt{r^2\omega^2\big\{\sin^2(\omega t + \phi) + \cos^2(\omega t + \phi)\big\}} \\ &= r\omega \end{aligned}$$

と求まる．

(2)　速度ベクトル $\boldsymbol{v}$ を時間 $t$ で微分すると

$$\begin{aligned} \boldsymbol{a} = \dot{\boldsymbol{v}} &= \big(\ddot{x}(t), \ddot{y}(t)\big) \\ &= \big(-r\omega^2\cos(\omega t + \phi), -r\omega^2\sin(\omega t + \phi)\big) \\ &= -\omega^2\big(r\cos(\omega t + \phi), r\sin(\omega t + \phi)\big) \\ &= -\omega^2\boldsymbol{r}. \end{aligned}$$

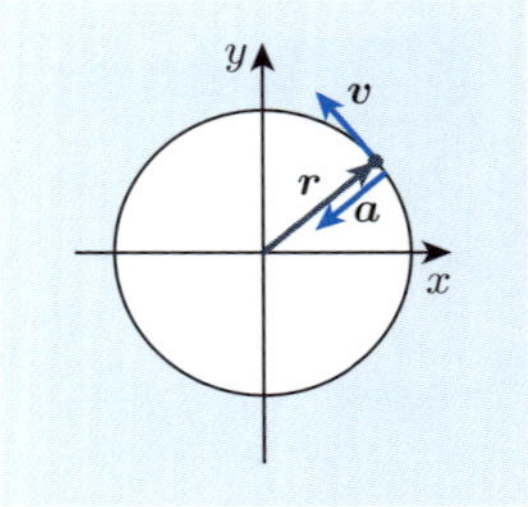


この結果より，加速度ベクトル $\boldsymbol{a}$ は $\boldsymbol{r}$ と反対の向き，すなわち，質点の位置から見ると，$\boldsymbol{a}$ は常に円運動の中心（原点）を向いていることがわかる．大きさは $a = |\boldsymbol{a}| = \omega^2 r$ である．

(3)　速度ベクトル $\boldsymbol{v} = (v_x, v_y)$ と加速度ベクトル $\boldsymbol{a} = (a_x, a_y)$ のスカラー積は

$$
\begin{aligned}
\boldsymbol{v} \cdot \boldsymbol{a} &= v_x a_x + v_y a_y \\
&= r^2\omega^3 \sin(\omega t + \phi)\cos(\omega t + \phi) - r^2\omega^3 \cos(\omega t + \phi)\sin(\omega t + \phi) \\
&= 0.
\end{aligned}
$$

これは $\boldsymbol{v}$ と $\boldsymbol{a}$ が直交することを意味している．**加速度ベクトル $\boldsymbol{a}$ は円周上の質点の位置から原点を向き，速度ベクトル $\boldsymbol{v}$ は円周の接線に平行で，偏角が増加する向きである．**

(4)　運動方程式 $\boldsymbol{F} = m\boldsymbol{a}$ より，質点にはたらく力 $\boldsymbol{F}$ と加速度 $\boldsymbol{a}$ は同じ向きをもつ．小問 (2) の答えを代入すると $\boldsymbol{F} = m\boldsymbol{a} = -m\omega^2\boldsymbol{r}$．よって円運動を維持するために必要な力 $\boldsymbol{F}$ の大きさは $F = |\boldsymbol{F}| = m\omega^2 r = \frac{mv^2}{r}$ で，その向きは円運動の中心（原点）を向く．■

質量 $m$ の質点が角速度 $\omega$，半径 $r$ の等速円運動を行うために必要な力 $\boldsymbol{F}$ は

$$\boldsymbol{F} = -m\omega^2\boldsymbol{r} \tag{3.18}$$

で表すことができる．**$\boldsymbol{F}$ は常に円運動の中心を向いていることから，向心力とよばれる．**

**惑星の公転運動**では，向心力の役割を果たすのが万有引力である．

**法則 3.1**　2 つの物体には，互いの質量に比例し，距離の 2 乗に反比例する引力がはたらく（**万有引力の法則**）．

2 つの物体の質量をそれぞれ $m_1, m_2$，それらの間の距離を $r$ としたとき，万有引力の大きさ $F$ は

$$F = G\frac{m_1 m_2}{r^2} \tag{3.19}$$

で表されることが知られている．ここで $G$ は**万有引力定数**とよばれる物理定数で

$$G = 6.67 \times 10^{-11}\ \mathrm{N \cdot m^2 \cdot kg^{-2}}$$

の値をもつ.

**基本 例題 3.5**

質量 $M$ の恒星の周りを質量 $m$ の惑星が公転している．惑星の軌道は半径 $R$ の円で，また恒星は静止していると考えてよいものとする．万有引力定数を $G$ としたとき，公転の周期 $T$ の 2 乗を $M, m, R, G$ を用いて表せ.

**【解答】** (3.19) 式の万有引力が (3.18) 式の向心力になるので，両者の大きさは等しいことになる．円運動の角速度 $\omega$ と周期 $T$ との間に $\omega = \frac{2\pi}{T}$ の関係があることを使うと

$$G\frac{Mm}{R^2} = m\left(\frac{2\pi}{T}\right)^2 R$$

$$\Longrightarrow \quad T^2 = \frac{4\pi^2}{GM}R^3.$$ ■

**公転周期** $T$ の 2 乗が半径 $R$ の 3 乗に比例することは**ケプラーの第 3 法則**として知られる ♠4.

### 等速円運動のまとめ

- 半径 $r$，角速度 $\omega$ で等速円運動を行う質点の速度の大きさは $v = r\omega$ で，速度ベクトルは円軌道の接線方向を向く
- 加速度の大きさは $a = \omega^2 r$ であり，加速度ベクトルは原点方向を向く
- 円運動の周期を $T$ とすると，$\omega T = 2\pi$ および $vT = 2\pi r$ が成り立つ
- 円運動する質点の質量を $m$ とすると，質点には原点を向く，大きさ $F = m\omega^2 r = \frac{mv^2}{r}$ の向心力がはたらく

---

♠4 **ケプラーの法則**は，第 3 法則の他に，「惑星の軌道は恒星を焦点とする楕円軌道である」という第 1 法則と，「惑星と恒星を結ぶ線分が単位時間に掃く面積は一定である」という第 2 法則がある．第 2 法則については第 6 章末の演習問題を参照.

## 第3章　演習問題

**3.1**　落下において (3.5) 式，すなわち $\boldsymbol{f} = -b\boldsymbol{v}$ で与えられる空気抵抗力がはたらく場合の落下速度 $v_z$ を考える．

(1)　(3.6) 式の3番目の式として与えられた $v_z$ に関する運動方程式で積分を行うことにより解け．

**ヒント**：導入例題3.3と同様に変数分離形に変形し，積分を実行すればよい．初速は $v_z = v_{z0}$ であるとせよ．

(2)　落下速度の $t \to \infty$ に対する極限値を求めよ．それが，基本例題3.3の小問 (2) で求めた答えと一致することを確かめよ．

(3)　落下速度 $v_z(t)$ が，$b \to 0$ の極限で，自由落下の一般的な表式 (3.3) で与えられる $v_z$ に一致することを確かめよ．ただし，指数関数 $e^{\alpha t}$ の $\alpha \ll 1$ ♠5 に対する近似式 $e^{\alpha t} \simeq 1 + \alpha t$ を用いてよい ♠6．

**3.2**　質量 $m$ の質点が，$x$–$y$ 平面上の半径 $r$ の円軌道上を運動している．ただし，半径 $r$ は定数であるが，等速運動とは限らないものとする．円軌道の中心が原点Oに一致しているとすると，質点の位置はベクトル

$$\boldsymbol{r} = (x, y) = (r\cos\theta, r\sin\theta)$$

で表すことができる．ここで $\theta$ は時刻 $t$ に依存する偏角を表す：$\theta = \theta(t)$.

(1)　質点の速度ベクトル $\boldsymbol{v}$ を求めよ．

(2)　質点の位置ベクトル $\boldsymbol{r}$ と速度ベクトル $\boldsymbol{v}$ が直交することを確認せよ．

(3)　質点の角速度を $\omega = \dot{\theta}$ と定義すると，等速円運動でなくとも，半径 $r$ が一定ならば $v = r|\omega|$ が成り立つことを確認せよ．ここで，$v$ は速度ベクトルの大きさ $|\boldsymbol{v}|$ を意味する．

**3.3**　次元に関する以下の問いに答えよ．

(1)　以下の定数，または物理量の次元を求めよ．i. ばね定数 $k$，ii. 角速度 $\omega$，iii. 万有引力定数 $G$.

(2)　いくつかの物理定数を使って，時間の次元をもつ変数の組合せを作りたい．例えば，ばね定数 $k$ の次元は $\mathrm{MT}^{-2}$ なので，ばね振動子の場合では，$k$ とおもりの質量 $m$ を組み合わせた $\sqrt{\frac{m}{k}}$ が時間の次元をもつことになる．これに係数 $2\pi$ をかければ，ばね振動子の周期である (3.13) 式と同じになる．このように，考える系に関連した物理定数を使って，系の特徴的な時間または長さを作ったり，定数の間の

---

♠5　$a \ll b$ は「$a$ は $b$ に比べて非常に小さい」ことを表す．また $a \gg b$ は「$a$ は $b$ に比べて非常に大きい」ことを表す．

♠6　付録A，A.6.4参照．

関係式が導かれることがある．これを**次元解析**という．万有引力定数 $G$ を使って，次元解析により系の特徴的な時間を作ってみよ．例えば，ある恒星の周りを公転運動している惑星を考えたときは，系の特徴は恒星の質量 $M$ や円軌道の半径 $R$ から決定されるであろう．(惑星の質量を $m$ とすると，惑星の運動方程式は

$$m\ddot{\boldsymbol{r}} = -GMm\frac{\boldsymbol{r}}{r^3} \iff \ddot{\boldsymbol{r}} = -GM\frac{\boldsymbol{r}}{r^3}$$

となる．このように，$m$ は運動方程式から消去されてしまうので，系の特徴を表すには，恒星の質量 $M$ の方を用いるのが適切である.)

**3.4** 3つのばねと2つのおもりが図のように接続されている（これを**連成振動子**，または**連結振動子**という）．左端のばね1は，ばね定数が $k_1$ で，左端が壁に，右端が質量 $m_1$ のおもり1に接続されている．中央のばね2は，ばね定数が $k_2$ で，左端がおもり1に，右端が質量 $m_2$ のおもり2に接続されている．右端のばね3は，ばね定数が $k_3$ で，左端がおもり2に，右端が壁に接続されている．はじめ，3つのばねは自然長にあり，2つのおもりは静止していた．水平方向右向きを $x$ 軸の正の向きとして，以下の問いに答えよ．

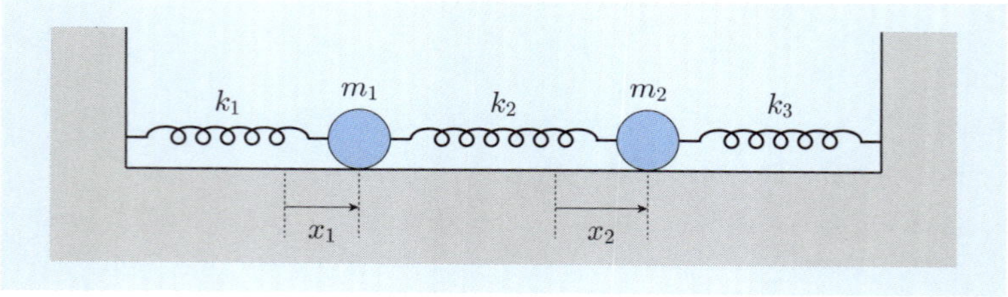


(1) おもり1と2をつり合いの位置から，それぞれ $x_1, x_2$ だけ変位させた．このとき，それぞれのおもりがばねから受ける力（$F_1$ および $F_2$ とする）を $x_1, x_2, k_1, k_2, k_3$ を用いて表せ．以下の注意点を考慮せよ：

- おもり1は，ばね1とばね2からのみ力を受ける．
- おもり2は，ばね2とばね3からのみ力を受ける．
- ばね1は $x_1 > 0$ で伸びた状態にあり，$x_1 < 0$ で縮んだ状態にある．
- ばね2は $x_2 - x_1 > 0$ で伸びた状態にあり，$x_2 - x_1 < 0$ で縮んだ状態にある．(ばね2の自然長を $l_0$ とすると，おもり1, 2の変位が $x_1, x_2$ のときのばね2の長さは $l = l_0 + x_2 - x_1$ である．すなわち，$l - l_0 = x_2 - x_1$ であり，$l - l_0 > 0$ ならば $x_2 - x_1 > 0$，$l - l_0 < 0$ ならば $x_2 - x_1 < 0$ ということである.)
- ばね3は $x_2 < 0$ で伸びた状態にあり，$x_2 > 0$ で縮んだ状態にある．

- ばね2がおもり1および2におよぼす力は，大きさが同じで，向きが逆である．よって，それらの力が打ち消し合うため，合力 $F_1 + F_2$ に $k_2$ を含む項は出現しない．

(2)　系の運動方程式を求めよ．

(3)　以下，ばね1とばね3のばね定数が等しく $k_1 = k_3 = k$ であり，2つのおもりの質量が等しく $m_1 = m_2 = m$ である場合を考える．次の変数

$$X = \frac{1}{2}(x_1 + x_2), \tag{3.20}$$

$$x = x_2 - x_1 \tag{3.21}$$

を導入したとき，$X$ および $x$ が従う運動方程式をそれぞれ求めよ．

(4)　小問(3)で求めた運動方程式より，変数 $X$ と $x$ はそれぞれ単振動を行うことがわかる．$X$ および $x$ の振動は，2つのおもり1と2のどのような動きに対応しているのだろうか．以下に挙げた変数 $X$ と $x$ の性質から考察せよ．

- 変数 $X$ は $x_1$ と $x_2$ の平均値である．すなわち，系全体を見たときの，2つのおもりの代表的な位置を表す♠7．
- (3.20)式で定義されている変数 $X$ は，変数 $x_1$ と $x_2$ を入れ替えても，不変である．（いつ，いかなる時刻においても，変数 $X$ がこの対称性をもつためには，変位 $x_1$ と $x_2$ がどのように運動すればよいか．）
- 変数 $x$ は $x_1$ と $x_2$ の相対的な位置を表す．
- (3.21)式で定義されている変数 $x$ は，変数 $x_1$ と $x_2$ を入れ替えて，かつ，符号を変えて $x_1 \to -x_2$, $x_2 \to -x_1$ としても，不変である．

**3.5**　引き続き，前問の連成振動子について考える．（$k_1 = k_3 = k$, $m_1 = m_2 = m$ とする．）おもり1を $x_1 = 0$ の位置に左手で押さえつけたまま，おもり2を $x_2 = x_0$（$> 0$）まで右手で引っ張った後，静かに両手を離した．両手を離した時刻を $t = 0$ とし，以下の問いに答えよ．

(1)　初期条件から4つの定数 $A$, $a$, $\Phi$, $\phi$ を決定せよ．

(2)　$x_1(t)$ および $x_2(t)$ の解を求めよ．このとき，解の形を三角関数の和（または差），および三角関数の積の2つの形で求めよ．

(3)　ばね定数 $k$（$= k_1 = k_3$）に対して，$k_2$ が非常に小さな値をもつとき，$x_1(t)$ および $x_2(t)$ はどのように振る舞うか．横軸を時間 $t$ として，その概略図を描け．

---

♠7　質量を重みとしたおもりの位置の加重平均 $X = \frac{m_1 x_1 + m_2 x_2}{m_1 + m_2}$ を**質量中心**，または，**重心**という．$X = \frac{1}{2}(x_1 + x_2)$ は，$m_1 = m_2$ という特別な場合の振動子系の質量中心を表している．

**ちょっと寄り道　「なんとかの法則」を信じてよいのか**

力学の問題では，考える物体にはたらく力を知る必要がある．そのときは，決まって「この場合は“なんとか”の法則に従うことがわかっている」と言われることに気づいたであろうか．学部生時代の著者は素直だったせいか（？），それらについて何も疑うこともなかったのだが，本書の執筆中に「物理の天下(あまくだ)り的(てき)に法則が与えられるところにどうしてもなじめない」と数学を専門とする先生に言われた．確かに数学では，疑問に感じることがあれば，証明をなぞってみれば自分で確かめることができるわけだ．しかし物理法則のそれについては，簡単に調べるわけにはいかないし，万有引力のように，とりあえず信じる以外に手がないものもある．まあ，その数学の先生がおっしゃったことも確かにそうなのだけど，それでも科学的に「正しい」と考えられていることは，既に歴代の多くの科学者によって検証され，「どうもそのようだ」という合意が得られているのだ．日本史の教科書は30年前と比べると内容が変わった部分がいくつもあるらしいけれども，物理の（初歩的な）古典力学の教科書は今から数百年の年月を経ても，その内容は変わっていない可能性が高いのではないだろうか．ということで，大学の新入生が物理を勉強するときは，「なんとかの法則」を素直に受け入れるのが無難なのだろう．ただ，例えばフックの法則の限界といったことを想像してみることは頭の体操になるかもしれない．ばねを引っ張り続けていけば，（ばねが切れないと仮定すると）そのうちいくら引っ張ってもそれ以上伸びなくなるはずである．横軸をばねの伸び，縦軸をばねが引く力の大きさとしてグラフを描くとどうなるか，などと考えてみるのである．ところで，こんなことを考えていたら，筆者が大学院に入学するときの面接の様子を思い出した．面接官は西島和彦先生．（「西島・ゲルマンの法則」で有名な素粒子理論の大家．2003年に文化勲章受章.）まず「どうして物理を学んでいるんですか」と聞かれた．この質問には「物理には真理がありますからね」という返答がすぐに思い浮かんだのでそう答えた．西島先生は「物理に真理はあるとお考えですか」と続けた．この質問には即答できず，少し考えた挙句，「大学の学部で習う内容程度のことは，もう間違ってないのでしょうねー」と答えたところ，面接官一同は爆笑の渦に包まれた．この面接から20年以上が経過して，あの質問になんと答えるべきであったか，を時々考えることがあるけれど，これ以上の回答は未だに思い浮かばないでいるのだ．(OM) □

# 第4章 仕事と力学的エネルギー

発射された弾丸は標的を破壊し，また，走ってきた自転車にぶつかった歩行者は，大怪我をする危険性がある．このように，速度をもつものは，何かものを壊すだけのエネルギーをもっている．また，手にもったスマートフォンをうっかり落としてしまい，壊してしまった経験があるかもしれない．これは「高い位置にあるものは，より高いエネルギーをもつ」ことを意味している．この章では，力学的なエネルギーとはどう定義され，どのような特徴をもつかを考える．

## 4.1 仕事と運動エネルギー

ある物体が速度をもつとき，その物体がもつ力学的なエネルギーはどのように定式化できるだろうか．そこでまずは，物体に一定の力を加え続けたときに，速度がどのように変化するのかを調べてみよう．

**導入 例題 4.1**

質量 $m$ のトロッコに，一定の力 $F$ を加えて加速させる．力を加える向きを $x$ 軸の正の向きにとる．また，時刻 $t=0$ に，トロッコの座標は $x=0$，速度は $v=v_0$（$v_0$ は定数）であったとする．トロッコを距離 $x$ だけ押し進めた地点での，トロッコの速度を $v$ としたとき，距離 $x$ と速度 $v$ の関係式を求めよ．トロッコとレールの間の摩擦や，空気抵抗など，$F$ 以外の力は存在しないと仮定せよ．

**【解答】** トロッコには $F$ 以外の力がはたらかないので，加速度は $a=\frac{F}{m}$ となり，定数である．これを時間に関して積分を行い，初期条件を考慮すると，時刻 $t$ における速度 $v$ と位置 $x$ は

$$v=\frac{F}{m}t+v_0, \quad x=\frac{1}{2}\frac{F}{m}t^2+v_0t$$

と求まる．最初の式を時刻 $t$ について解くと $t=\frac{m}{F}(v-v_0)$ を得る．これを2番目の式に代入して $t$ を消去すると

$$
\begin{aligned}
x &= \frac{1}{2}\frac{F}{m}\left(\frac{m}{F}\right)^2(v-v_0)^2 + v_0\frac{m}{F}(v-v_0) \\
&= \frac{1}{2}\frac{m}{F}\left\{(v-v_0)^2 + 2v_0(v-v_0)\right\} \\
&= \frac{1}{2}\frac{m}{F}(v^2 - v_0^2).
\end{aligned}
$$
■

導入例題 4.1 で求めた移動距離 $x$ と到達した速度 $v$ の間の関係を

$$
Fx = \frac{1}{2}mv^2 - \frac{1}{2}mv_0^2 \tag{4.1}
$$

と書き直してみよう．(4.1) 式の左辺の（力）×（移動距離）を**仕事**という．これは $\mathrm{MLT^{-2}} \times \mathrm{L} = \mathrm{ML^2T^{-2}}$ の次元をもつ量である．また，右辺に現れる

$$
K = \frac{1}{2}mv^2
$$

で表される項を**運動エネルギー**という．すなわち，質量 $m$，速度 $v$ をもつ質点は，$\frac{1}{2}mv^2$ の運動エネルギーをもつと考えるのである．運動エネルギーの次元は [質量][速度]$^2 = \mathrm{ML^2T^{-2}}$ であり，当然，仕事と同じ次元をもつ．MKS 単位系での仕事，およびエネルギーの単位は J（ジュール）である．

(4.1) 式は**運動エネルギーの変化は加えられた仕事に等しい**ことを示している．つまり，最初 $\frac{1}{2}mv_0^2$ であった系の運動エネルギーは，外部から $Fx$ の仕事をされたことで，その分エネルギーが注入され，運動エネルギーが $\frac{1}{2}mv^2$ に増加した，ということである．この関係を利用して，落下の問題を解いてみよう．

**導入 例題 4.2**

(4.1) 式で与えられた関係を使って，物体の落下速度に関する第3章の基本例題 3.1 を解け．

**【解答】**　基本例題 3.1 の解答で採用した座標系を，そのまま利用しよう．すなわち鉛直上向きを $z$ 軸の正の向きとし，地表を原点（$z=0$）とする．また初期条件は $z=h,\ v_z\ (=\dot{z})=0$ である．地表での速度を $v$ とすると，このときの運動エネルギーは $\frac{1}{2}mv^2$ である．初速度は零なので，このときの運動エネルギーも零である．よって，運動エネルギーの変化は $\frac{1}{2}mv^2 - 0 = \frac{1}{2}mv^2$ である．物体にはたらく力は重力 $F = -mg$ のみで，移動距離は $h$ である．これ

を，重力 $-mg$ が物体を $h$ だけ押すことにより，物体に対して仕事をしたと解釈する．ただし，物体は落下，すなわち $z$ 軸の負の向きに移動しているので，(4.1) 式の左辺にある移動距離 $x$ に該当するものは，符号も考慮して $-h$ とすべきである．はたらく力に対しても負符号をそのまま使うと，物体に加えられた仕事は $-mg \times (-h) = mgh$ というように正である．この結果を (4.1) 式に代入すると

$$mgh = \frac{1}{2}mv^2$$
$$\iff \quad v = \pm\sqrt{2gh}$$

と求まる．物体は落下しているので，符号は負符号を選べばよい．■

導入例題 4.2 で示したように，はたらく力と移動は向きも考慮して，その値の符号も正しく考えなければならない．同様の問題をもう 1 題解いてみよう．

**確認 例題 4.1**

質量 $m$ の物体を，地表から鉛直上向きに初速 $v_0$（$> 0$）で投げ上げた．物体の最高到達距離を (4.1) 式の関係を利用して求めよ．ただし，空気抵抗は考えなくてよい．

**【解答】** 鉛直上向きを $z$ 軸の正の向き，地表を原点 $z = 0$ とする．初速は $v_0$，最高点での速度は零なので，運動エネルギーの変化は $\frac{1}{2}m \times 0^2 - \frac{1}{2}mv_0^2 = -\frac{1}{2}mv_0^2$．物体にはたらく力は $F = -mg$．求める高さを $h$ とすると，正の向きに進むので，符号も考慮すると移動は $+h$ となる．よって，仕事と運動エネルギーの変化の間の関係式 (4.1) より

$$-mg \times h = \frac{1}{2}m \times 0^2 - \frac{1}{2}mv_0^2$$
$$\iff \quad h = \frac{v_0^2}{2g}$$

と求まる．■

仕事を求めるために，はたらく力と移動を考えるときには，その向きも考慮する必要があった．これは力も位置も，そもそもベクトル量であることに起因

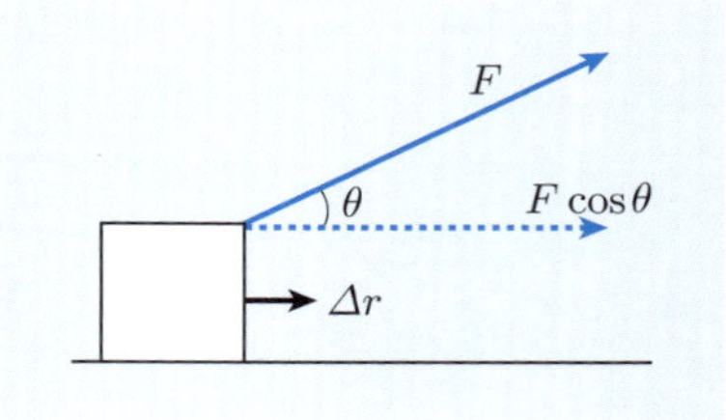


している．図のような力がはたらくときの仕事を考えてみよう．地表に置かれた物体は，水平面に対して角度 $\theta$ をなす向きに大きさ $F$ の力で引かれ，水平方向に $\Delta r$ の距離だけ移動する．物体の移動に寄与するのは，力の水平成分のみであり，その大きさは $F\cos\theta$ である．したがって，仕事 $\Delta W$ は $F\cos\theta \times \Delta r$ となる．$\boldsymbol{\Delta r}$ を，大きさが $\Delta r$ で，移動方向を向くベクトルとする．これを**変位ベクトル**という．すると，仕事は $\Delta W = \boldsymbol{F} \cdot \boldsymbol{\Delta r}$ のように，力と変位ベクトルのスカラー積で書けることがわかる．一般に，ベクトル $\boldsymbol{F} = (F_x, F_y, F_z)$ で表される力を受けながら，物体が $\boldsymbol{\Delta r} = (\Delta x, \Delta y, \Delta z)$ だけ移動したときに，物体になされた仕事 $\Delta W$ は

$$\Delta W = \boldsymbol{F} \cdot \boldsymbol{\Delta r} = F_x \Delta x + F_y \Delta y + F_z \Delta z \qquad (4.2)$$

で与えられる♠1．

最後に，速度が3次元ベクトル $\boldsymbol{v}$ で与えられている物体に対する運動エネルギーの表式を紹介しよう．この場合，速度の2乗 $v^2$ の部分を速度ベクトル $\boldsymbol{v}$ の2乗 $|\boldsymbol{v}|^2$ に置き換えればよい．よって，質量 $m$ で速度 $\boldsymbol{v} = (v_x, v_y, v_z)$ をもつ物体の運動エネルギー $K$ は

$$K = \frac{1}{2} m|\boldsymbol{v}|^2 = \frac{1}{2} m\boldsymbol{v} \cdot \boldsymbol{v} = \frac{1}{2} m(v_x^2 + v_y^2 + v_z^2)$$

のように与えられる．

### 仕事と運動エネルギーのまとめ

- 速度 $\boldsymbol{v}$ をもつ質量 $m$ の質点の運動エネルギーは $\frac{1}{2} m\boldsymbol{v}^2$ で与えられる
- 力 $\boldsymbol{F}$ を加えて，$\boldsymbol{\Delta r}$ だけ変位させたときの仕事は $\boldsymbol{F} \cdot \boldsymbol{\Delta r}$ で与えられる
- 運動エネルギーの変化は加えられた仕事の大きさに等しい

♠1 変位ベクトル $\boldsymbol{\Delta r}$ や仕事 $\Delta W$ の記号 $\Delta$ は，その大きさが微小であることを意味している．物体を移動させるとき，一般にその軌道は曲線であるが，曲線軌道は微小距離の直線的な移動をつなぎ合わせたものと考えることができる．曲線軌道を移動する物体になされる仕事は，その軌道に沿って，(4.2) 式を積分すれば求まることになる．

## 4.2　仕事と位置エネルギー

質量をもつ物体は速度をもたなくても，高い位置に存在するだけで力学的なエネルギーをもつことができる．このような位置に依存するエネルギーのことを**位置エネルギー**，または**ポテンシャルエネルギー**という．

ものを高い場所に運ぶと，どの程度エネルギーが増加するだろうか．

**導入　例題 4.3**

質量 $m$ の物体を持ち上げるときに，必要となる仕事を次の手順で求めよ．鉛直上向きを $z$ 軸の正の向きとし，物体はこの軸上のみを移動するものとする．また，重力加速度の大きさを $g$ とする．

(1)　物体は重力により $F_{\mathrm{g}} = -mg$ の力を受ける．物体を手の上に乗せて静止させるとき，手が物体に加えるべき力 $F_{\mathrm{h}}$ を求めよ．

(2)　物体を持ち上げるときに，手がする仕事のすべてを位置エネルギーにしたい．そのためには物体を持ち上げるときに，物体に速度を与えてはならない．物体が速度をもつと，手が加えた仕事の一部が運動エネルギーになってしまうためである．そこで小問 (1) で求めた力 $F_{\mathrm{h}}$ と同じ力を加えながら，速度を与えないように“ゆっくり”物体を上昇させる．物体を微小距離 $dz$ だけ持ち上げる間に，手が物体にする微小仕事 $dW_{\mathrm{h}}$ を求めよ．

(3)　物体を位置 $z_0$ から $z$ まで持ち上げたときに，手が物体にする仕事 $W_{\mathrm{h}}$ を求めよ．

**【解答】**　(1)　手が加えるべき力と重力のベクトルの和が，ちょうど零になればよいので，$F_{\mathrm{h}} + F_{\mathrm{g}} = 0 \Longleftrightarrow F_{\mathrm{h}} = -F_{\mathrm{g}} = mg$ である．

(2)　手がする微小仕事は $dW_{\mathrm{h}} = F_{\mathrm{h}} \times dz = mg \times dz$．

(3)　小問 (2) で考えた微小距離の移動を繰り返し，$z_0$ から $z$ まで移動させたときの仕事の総和をとればよい．その和は積分により

$$W_{\mathrm{h}} = \int dW_{\mathrm{h}} = mg \int_{z_0}^{z} dz' = mgz - mgz_0$$

と計算される．■

導入例題 4.3 で求めた $W_\mathrm{h}$ は，考えている系に手が与えた仕事であり，この分だけ系のエネルギーが増加する．そのエネルギーこそが，系の位置エネルギーに他ならない．したがって，**重力による位置エネルギー**の表式

$$V(z) = mgz - mgz_0 \tag{4.3}$$

が得られたことになる．物体を持ち上げる前の位置 $z_0$ のことを**位置エネルギーの基準点**とよぶ．基準点をどこに選ぶかは任意である．例えば (4.3) 式で $z_0 = 0$ と選べば，$V(z) = mgz$ となり，定数項をなくすことができる．

重力による位置エネルギーは，地表に対して垂直に置かれた 2 次元平面上ではどのように記述できるだろうか．

**確認 例題 4.2**

水平方向右向きを $x$ 軸の正の向き，鉛直上向きを $z$ 軸の正の向きとする 2 次元座標をとる．原点 O から座標 $(x, z)$ まで，重力下にある質量 $m$ の物体を手でゆっくり運ぶときに，手がする仕事を，以下の 2 通りの場合に分けて考察せよ．

(1) 原点 O から，まず水平方向に座標 $(x, 0)$ まで移動させる．その後，鉛直方向に持ち上げ $(x, z)$ に到達させる．（図 (a)）

(2) 原点 O から座標 $(x, z)$ まで，右斜め方向に直線的に移動させる．（図 (b)）

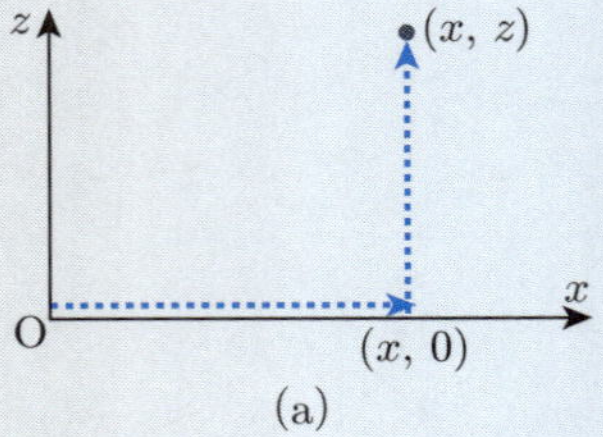

(a)

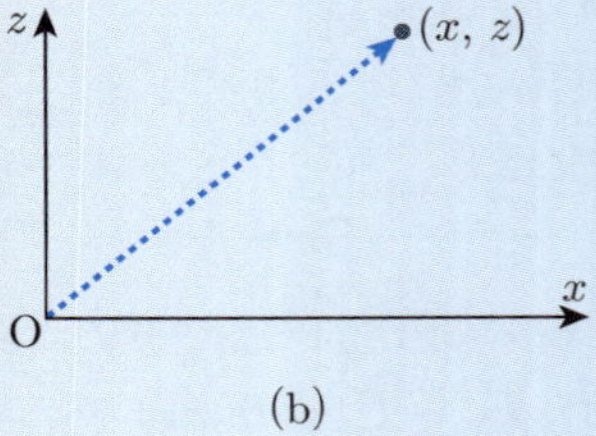

(b)

**【解答】** (1) まず水平方向への移動を考える．重力しかはたらいていないので，手がおもりに加えるべき力は鉛直上向きの成分のみである．物体に速度を与えないように移動させるので，水平方向に力を加える必要はない．例えば，クレーンにつるされた鉄球も，水平方向に関しては，指でつつくだけで動き出す．このことを思い浮かべれば，すぐに理解できることだろう．つまり，手が

おもりに加える力の向きは鉛直上向きであり，移動方向と常に直交している．定義式 (4.2) によると，仕事は力のベクトルと変位ベクトルのスカラー積なので，水平方向の移動において手がする仕事は零にしかならない．座標 $(x, 0)$ からの鉛直上向きの移動において手がする仕事は，導入例題 4.3 で既に計算しており，合計の仕事は，結局，$mgz$ ということになる．以上より，位置エネルギーは $V(x, z) = mgz$ であると結論される．

(2)　小問 (1) の答えを考慮すると，計算なしで結論を得ることができる．図のように，水平方向と鉛直方向のジグザグの経路での仕事を考える．水平方向の移動は仕事に寄与しないので，この経路での仕事も $mgz$ であることは容易に理解できるだろう．ジグザグの経路の 1 回に進む縦横の距離を無限に短くしていけば，右斜め方向に直進する経路にいくらでも近づけることが可能である．つまり，仕事も位置エネルギーも小問 (1) と同じ結果になる．■

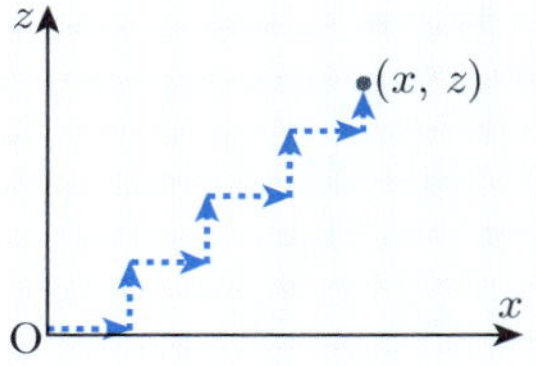


確認例題 4.2 の小問 (2) の議論は任意の経路に拡張可能である．すなわち，重力下の位置エネルギーは，移動経路にはよらず，おもりの位置だけに依存する，と結論される．

次にばねがもつ位置エネルギーを考えよう．おもりを付けたばねは，伸び縮みのある状態から手を離すと，勝手に振動を始める．これは自然長にあるときより，伸び縮みのあるときの方がエネルギーが高いことを意味している．このエネルギーも，ばねの伸びを変数とする位置エネルギーである．

**確認 例題 4.3**

フックの法則（ばね定数 $k$）に従うばねがある．水平方向に置かれたばねは，左端を壁に，右端はおもりにつながれている．ばねは水平の 1 方向にだけ伸び縮みが可能で，右向きを $x$ 軸の正の向きとする．また，ばねが自然長にある位置を原点（$x = 0$）とする．このばねがもつ位置エネルギーを以下の手順に従って求めよ．ばねの伸びが $x$ の状態の位置エネルギーは，ばねが自然長にある状態から，ばねの右端を指でつまんで $x$ まで伸ばしたときに，手がする仕事に等しい．

(1)　伸びが $x'$ の状態にあるばねを，微小距離 $dx'$ だけ引っ張るときに，手がする微小仕事 $dW_{\rm h}$ を求めよ．

(2)　小問 (1) の答えをもとに，ばねの伸びが $x$ のときの，ばねの位置エネルギー $V(x)$ を求めよ．

**【解答】** (1)　ばねが手を引っ張る力は $F_{\rm s} = -kx'$ である．手はこれをちょうど打ち消すだけの力を加える必要があり，その力は $F_{\rm h} = -F_{\rm s} = kx'$ である．したがって，求める微小仕事は $dW_{\rm h} = F_{\rm h}\,dx' = kx'\,dx'$ となる．

(2)　自然長（$x = 0$）から伸びが $x$ の状態になるまで，ばねを引っ張るときに手がする仕事 $W_{\rm h}$ を求めるには，小問 (1) の答えを変数 $x'$ に関して零から $x$ まで積分すればよい．この仕事 $W_{\rm h}$ が位置エネルギーに等しい．よって，位置エネルギーは

$$V(x) = W_{\rm h} = \int dW_{\rm h} = \int_0^x kx'\,dx' = \frac{1}{2}kx^2 \tag{4.4}$$

と求まる．■

最後に，万有引力による位置エネルギーを考えよう．ここで，太陽と地球が万有引力によって引き合うことで，それぞれが，どの程度加速されるかについて，まずは考えてみよう．3.1 節で既に言及したように，運動の第 2 法則により，物体の加速度は物体の質量に反比例している．太陽と地球が互いに引き合う力の大きさを $F_{\rm se}$ とすると，太陽と地球の質量がそれぞれ $M_{\rm s} \simeq 2.0 \times 10^{30}$ kg, $M_{\rm e} \simeq 6.0 \times 10^{24}$ kg なので，地球の加速度の大きさ $a_{\rm e}$（$= \frac{F_{\rm se}}{M_{\rm e}}$）に対する太陽の加速度の大きさ $a_{\rm s}$（$= \frac{F_{\rm se}}{M_{\rm s}}$）を

$$\frac{a_{\rm s}}{a_{\rm e}} = \frac{F_{\rm se}}{M_{\rm s}} \div \frac{F_{\rm se}}{M_{\rm e}} = \frac{M_{\rm e}}{M_{\rm s}} \simeq 3.0 \times 10^{-6}$$

と見積もることができる．この比は非常に小さいので，太陽は常に静止しており，動くことができるのは地球だけであるとみなしてよい．また，太陽が静止している位置を原点 O とすると，万有引力がはたらく向きは原点と地球を結ぶ線に平行である．この方向を**動径方向**という．

## 確認 例題 4.4

質量 $M$ の質点Aと，質量 $m$ のBの2つの質点が，万有引力によって互いに引き合っている．太陽と地球の質量比のように，$m$ に比べて $M$ が非常に大きい（$M \gg m$）と仮定すれば，質点Aは常にある点に静止していると考えてよい．以降，この点を原点Oとする．質点Bの位置を表すベクトルを $\boldsymbol{r}$ とすると，AとBの距離は $r = |\boldsymbol{r}|$ となる．また，ベクトル $\boldsymbol{r}$ と同じ方向，つまり動径方向を向く単位ベクトルを $\hat{\boldsymbol{r}}$ と書くことにする．万有引力定数を $G$ として，以下の問いに答えよ．

(1)　質点Bが質点Aから受ける引力 $\boldsymbol{F}$ を，$G$, $M$, $m$, $r$, および，$\hat{\boldsymbol{r}}$ を使って表せ．

(2)　質点Bが原点から距離 $r'$ の位置にあるとする．ここから動径方向に沿って，微小距離 $dr'$ だけ原点から遠ざける．これを行うために必要な仕事 $dW$ を求めよ．

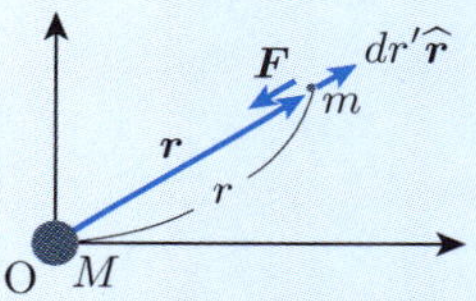


(3)　質点Bを，原点からの距離が $r_0$ の位置から $r$ の位置まで，動径方向に沿って移動させるときに必要となる仕事を求めよ．

(4)　小問(3)で求めた仕事 $W$ が万有引力による位置エネルギーに等しい．この場合，基準点を無限遠点にとり，よって，$r_0 \to \infty$ とすると都合がよい．なぜか．

(5)　原点Oを中心としたある半径をもつ球面上に沿って質点Bを動かしたとき，どれだけの仕事が必要となるか予想せよ．

**ヒント**：物体が球面上に沿って動くとき，その動く向きは，動径方向と常に直交している．

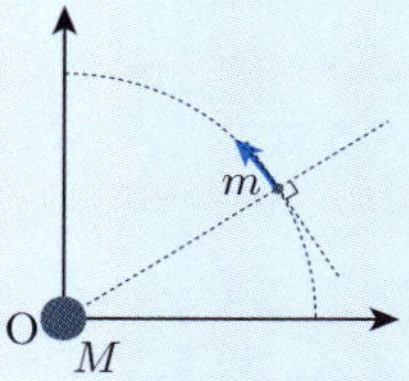


(6)　無限遠点から，任意の経路に沿って，任意の位置まで質点Bを運ぶとする．このとき必要となる仕事，すなわち位置エネルギーがどのように計算されるかを予想せよ．

**【解答】** (1) 万有引力の大きさは (3.19) 式で与えられる．また，力の向きは動径方向に沿って原点を向いている．よって

$$\boldsymbol{F} = -G\,\frac{Mm}{r^2}\,\widehat{\boldsymbol{r}} \tag{4.5}$$

と表せる．

(2) 求める仕事は万有引力に逆らって質点Bを引っ張る力 $-\boldsymbol{F}$ と変位ベクトル $dr'\widehat{\boldsymbol{r}}$ のスカラー積なので

$$dW = -\boldsymbol{F}\cdot dr'\widehat{\boldsymbol{r}} = G\,\frac{Mm}{r'^2}\,dr'$$

と求まる．最後の等式では $\widehat{\boldsymbol{r}}\cdot\widehat{\boldsymbol{r}} = 1$ を使っている．

(3) 小問 (2) の答えを，$r'$ について $r_0$ から $r$ まで積分すればよい．求める仕事は

$$W = \int_{r_0}^{r} G\,\frac{Mm}{r'^2}\,dr' = \left[-G\,\frac{Mm}{r'}\right]_{r_0}^{r} = -G\,\frac{Mm}{r} + G\,\frac{Mm}{r_0}.$$

(4) $r_0 \to \infty$ とすると，定数項がなくなり，位置エネルギー $V(r)$ は

$$V(r) = -G\,\frac{Mm}{r} \tag{4.6}$$

と書ける．すなわち，**基準点を無限遠点におくと表式が簡単化されて都合がよい**．

(5) 万有引力は動径方向を向くので，原点を中心とするある半径をもつ球面上のすべての点で，万有引力の向きと球面は直交している．すなわち，球面上に沿って質点Bをいくら動かしても，仕事は零にしかならない．

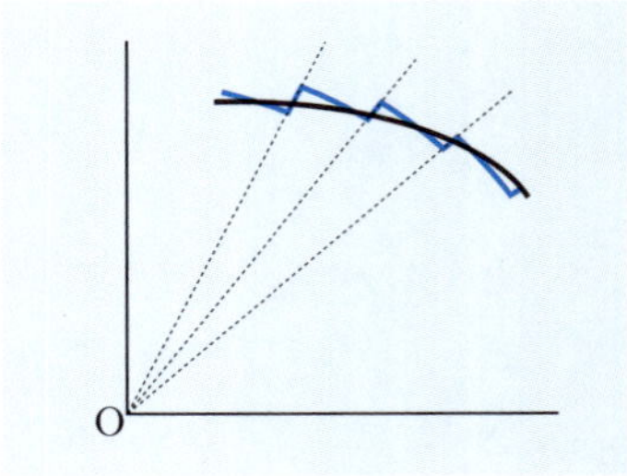


平面上の経路（黒実線の曲線）を動径方向を向く直線と原点を中心とする円弧との組み合わせで近似したもの（青実線）．直線部分および円弧部分の長さを小さくしていけば（細かいジグザグが多くなっていき），任意の経路にいくらでも近づけることができる．

(6) 動径方向と，球面上に沿った方向への無限小の移動を組み合わせることにより，任意の経路を構成することができる．この経路の中で，球面上の移動は，小問 (5) の考察により仕事に寄与しない．結果として，いかなる経路をとったとしても，位置エネルギーは (4.6) 式で与えられることが結論される． ■

**仕事と位置エネルギーのまとめ**

- 位置エネルギーは質点を，基準点から別の場所までゆっくり運ぶときに，必要となる仕事に等しい

**ちょっと寄り道**　**負のエネルギー**

授業で，万有引力の位置エネルギー (4.6) 式を板書していると，毎回決まって「頭にマイナス記号なんて付いたっけ」と自分の計算に自信がもてなくなる．位置エネルギーの基準点は位置エネルギーが零となる点を決めているだけである．$V(r)$ が負の値になることは一向に構わないのであるが，どうも私は「エネルギーは正の量である」という錯覚，先入観がいつまで経っても頭から抜けないようだ．このようなときは「えーと，互いに引力がはたらく 2 つの物体を引き離すには，力をかけて引き離す必要があるので．距離が離れている方がエネルギーが高いですね．だからマイナスの符号は必要ですね．」と学生に向かって言って確認している．ただ，マイナス符号の意味を学生に理解してもらうというより，「間違ってなかった」と，ホッとする気持ちの方が正直大きかったりするのだ．（OM）　□

## 4.3　力学的エネルギー保存則

高い位置で静止している物体がある．この系は位置エネルギーをもっている．その物体を落下させると，物体は落下するにつれ，速度を増してゆく．これを力学的なエネルギーの観点から見ると，落下するにつれて，一方で位置エネルギーが失われ，他方で運動エネルギーは増加している．この過程で，エネルギーがどこからか湧いて出てくるわけではないし，外からエネルギーが注入されるわけではないので，落下中は位置エネルギーの一部が運動エネルギーに逐次変換されているはずだ．

また，空気抵抗などにより，最初に存在していたエネルギーの一部が "削りとられる" ようなことがないならば，失われた位置エネルギーのすべてが運動エネルギーに変わっているはずである．この仮定は，次のように言い換えることができる：**空気抵抗や摩擦が存在しなければ，位置エネルギーと運動エネルギーの和は常に一定のはずである**．位置エネルギーと運動エネルギーの和を**力学的エネルギー**とよぶ．

実際，ある条件の下で力学的エネルギーは保存する．これを**力学的エネルギー保存則**という．“ある条件” とは，どのようなものかについては，次節で考えることにして，まずは，力学的エネルギー保存則が “もっともらしい” ことをいくつかの例で確かめることから始めよう．

**導入 例題 4.4**

力学的エネルギーが保存すると仮定して，3.1 節の基本例題 3.1 を以下の手順で解け．座標系は基本例題 3.1 に倣い，鉛直上向きを $z$ 軸の正の向きとし，地上を原点とする．また，地上を位置エネルギーの基準点とする．

(1)　物体が $z = h$ の位置で静止しているときの，位置エネルギー $V_0$ と運動エネルギー $K_0$ を求めよ．

(2)　物体が位置 $z$ を速度 $v_z$ で落下するときの，位置エネルギー $V$ と運動エネルギー $K$ を求めよ．

(3)　力学的エネルギーが保存するという仮定，すなわち，$V_0 + K_0 = V + K$ が常に成立しているとして，$z = 0$ における速度を求めよ．

**【解答】**　(1)　位置エネルギーは $V_0 = mgh$．初速度は零なので，運動エネルギーは $K_0 = 0$．

(2)　位置エネルギーは $V = mgz$，運動エネルギーは $K = \frac{1}{2} mv_z^2$．

(3)　位置エネルギーと運動エネルギーの和が一定ならば

$$mgh = mgz + \frac{1}{2} mv_z^2$$

が成り立つ．よって，$z = 0$ における速度は $v_z^2 = 2gh$ と求まる．物体は落下しているので $v_z < 0$ であり，$v_z = -\sqrt{2gh}$ と定まる．これは基本例題 3.1 の解答と一致している．■

同様の議論をばね振動子でも行ってみよう．

**確認 例題 4.5**

一端を壁に，他端を質量 $m$ のおもりにつながれ，1 方向のみに伸び縮みする，ばね定数 $k$ のばねがある．おもりを指でつまみ，ばねが自然長から $x_0$ の長さになるまで引き延ばし，静かに指を離すとおもりが振動を始めた．ばねが自然長に戻る瞬間のおもりの速度を，力学的エネルギー保存則を仮定することにより求めよ．おもりと床の間の摩擦や空気抵抗などは考えなくてよい．

**【解答】** 自然長からのばねの伸びを $x$，おもりの速度を $\dot{x}$ とする．伸びが $x_0$ のとき，位置エネルギーは (4.4) 式より $V_0 = \frac{1}{2}kx_0^2$ で，速度は零なので運動エネルギーは $K_0 = 0$．ばねの伸びが $x$ で速度が $\dot{x}$ のとき，位置エネルギーと運動エネルギーは，それぞれ $V = \frac{1}{2}kx^2$, $K = \frac{1}{2}m\dot{x}^2$ となるので，力学的エネルギー保存則を仮定すると

$$\frac{1}{2}kx_0^2 = \frac{1}{2}kx^2 + \frac{1}{2}m\dot{x}^2 \tag{4.7}$$

という関係が成り立つ．したがって，ばねの伸びが零（$x = 0$）のときの速度は，$\dot{x} = \pm x_0\sqrt{\frac{k}{m}}$ と求まる．これは確認例題 3.4 の解答の後に述べた考察と一致している． ■

**力学的エネルギー保存則は，実は「運動方程式の形を変えたもの」であること**を次に見てみよう．

**導入 例題 4.5**

(4.7) 式の両辺を，時間 $t$ で微分すると，ばね振動子の運動方程式が得られることを確かめよ．

**【解答】** (4.7) 式の左辺は定数なので，時間で微分すると零になる．右辺については，$x$ と $\dot{x}$ がともに $t$ の関数であることに注意すると

$$\frac{d}{dt}\left(\frac{1}{2}kx^2 + \frac{1}{2}m\dot{x}^2\right) = \frac{1}{2}k\frac{d}{dt}(x\cdot x) + \frac{1}{2}m\frac{d}{dt}(\dot{x}\cdot\dot{x})$$
$$= \frac{1}{2}k(\dot{x}\cdot x + x\cdot\dot{x}) + \frac{1}{2}m(\ddot{x}\cdot\dot{x} + \dot{x}\cdot\ddot{x})$$
$$= kx\dot{x} + m\dot{x}\ddot{x} = \dot{x}(kx + m\ddot{x})$$

と計算される．よって，(4.7) 式の両辺を時間で微分すると，$\dot{x}(kx + m\ddot{x}) = 0$ を得るが，ばね振動においては $\dot{x} = 0$ となるのは特別な瞬間だけである．よって，一般には $kx + m\ddot{x} = 0$ が成り立たなければならないことが結論される．**これはばね振動子の運動方程式 (3.8) に他ならない**．■

導入例題 4.5 の方法を応用して，単振り子の運動方程式を導出してみよう．

**確認 例題 4.6**

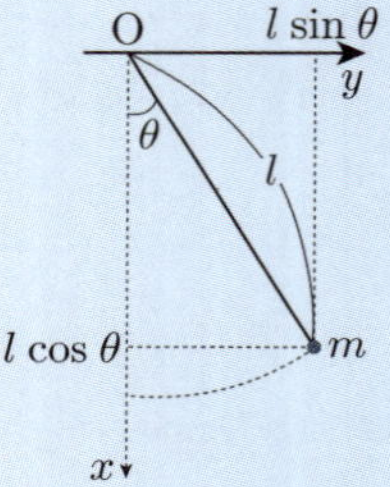


天井からつるした長さ $l$ の糸の一端に質量 $m$ のおもりをつないだ．糸をつるした位置を原点とし，鉛直下向きを $x$ 軸の正の向き，水平右向きを $y$ 軸の正の向きとする．また，糸が $x$ 軸となす角度を $\theta$ とする．糸をピンと張ったまま，糸と $x$ 軸とのなす角が $\theta_0$ になるようにおもりを持ち上げる．いったん静止させた後，静かに手を離すと，おもりは振動を始めた．重力加速度の大きさを $g$ とし，空気抵抗は考えなくてよい．

(1) おもりの位置エネルギーを $g, l, m, \theta$ を使って表せ．位置エネルギーの基準点は $x = l$，すなわち，おもりが最下点にある位置とする．

(2) おもりの運動エネルギーは $\frac{1}{2}m(\dot{x}^2 + \dot{y}^2)$ である．これを $m, l, \theta, \dot{\theta}$ を使って表せ．ただし

$$x = l\cos\theta, \quad y = l\sin\theta$$

の関係を使ってよい．

(3) 振り子の力学的エネルギーが保存することを仮定することにより，$\theta, \dot{\theta}, \theta_0$ の間に成り立つ関係式を求めよ．

(4) 小問 (3) で求めた力学的エネルギーが保存する式を時間 $t$ で微分することにより，振り子系の運動方程式を求めよ．また，力の向きや力学的変数が何かなど，運動方程式がもつ意味を考察せよ．

(5)　振り子の角振動数 $\omega$ を求めよ．ただし，振れの角度 $\theta$ は小さいと考え，$\sin\theta \simeq \theta$ の近似式♠2 を使ってよい．

**【解答】**　(1)　$x$ 軸と糸の角度が $\theta$ のとき，おもりは位置エネルギーの基準点から，$h = l - l\cos\theta = l(1-\cos\theta)$ だけ高い位置にある．よって，このときの位置エネルギーは $mgh = mgl(1-\cos\theta)$ である．

(2)　糸の長さ $l$ は一定だが，$\theta$ は時間 $t$ の関数であることを考えると，$\dot{x}$ は

$$\dot{x} = \frac{d}{dt}(l\cos\theta) = l\,\frac{d\theta}{dt}\,\frac{d}{d\theta}\cos\theta = -l\dot{\theta}\sin\theta$$

と表すことができる．同様に $\dot{y} = l\dot{\theta}\cos\theta$．よって，運動エネルギーは

$$\begin{aligned}\frac{1}{2}m(\dot{x}^2+\dot{y}^2) &= \frac{1}{2}m\left\{(-l\dot{\theta}\sin\theta)^2 + (l\dot{\theta}\cos\theta)^2\right\}\\ &= \frac{1}{2}ml^2\dot{\theta}^2(\sin^2\theta+\cos^2\theta)\\ &= \frac{1}{2}ml^2\dot{\theta}^2\end{aligned}$$

と求まる．

(3)　任意の時刻での力学的エネルギーは，初期状態での力学的エネルギー $mgl(1-\cos\theta_0)$ に等しいと仮定すると，関係式

$$mgl(1-\cos\theta) + \frac{1}{2}ml^2\dot{\theta}^2 = mgl(1-\cos\theta_0) \tag{4.8}$$

が得られる．

(4)　(4.8) 式の両辺を，時間 $t$ で微分すると，$\theta = \theta(t)$ なので

$$mgl\dot{\theta}\sin\theta + ml^2\dot{\theta}\ddot{\theta} = 0$$

$$\Longrightarrow\quad l\dot{\theta}(mg\sin\theta + ml\ddot{\theta}) = 0.$$

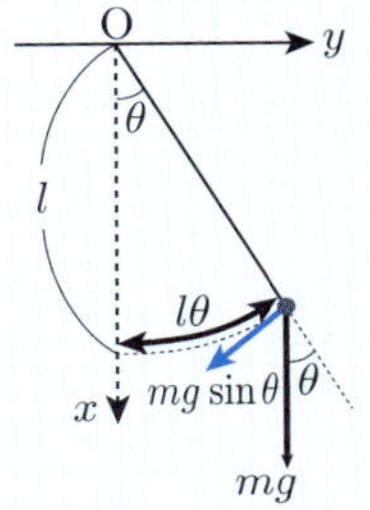


単振り子では $\dot{\theta} = 0$ は特別な瞬間でしか成り立たない．よって，一般には $mg\sin\theta + ml\ddot{\theta} = 0$ が成り立つことになる．$l$ は一定なので，この式を書き直すと

---

♠2　付録 A，A.6.1 参照．

$$-mg\sin\theta = m\,\frac{d^2(l\theta)}{dt^2} \tag{4.9}$$

が得られる．これが振り子の運動方程式である．質量が一定のときの運動方程式の一般的な表式 $F = ma$ と比較してみると

- $-mg\sin\theta$ が，系にはたらく力 $F$ にあたる．これはおもりにはたらく重力（$mg$）の，おもりの軌道である円弧の接線方向の成分である．負符号は，この力がおもりを安定な位置である最下点に戻そうと下向きにはたらく**復元力**であることを意味している．
- $l\theta$ が，運動方程式において質点の位置を表す変数となる．**弧度法を使い，角度 $\theta$ をラジアンで表すことにすると，$l\theta$ は半径 $l$ の円の，角度 $\theta$ 部分の円弧の長さを表す**．

(5)　$\sin\theta \simeq \theta$ の近似が成り立つならば (4.9) 式は

$$-mg\theta = m\,\frac{d^2(l\theta)}{dt^2} \quad \Longleftrightarrow \quad \ddot{\theta} = -\frac{g}{l}\,\theta$$

となる．単振動の運動方程式 (3.11) とその解 (3.9) 式の関係より，振り子の角振動数は $\omega = \sqrt{\frac{g}{l}}$ と求まる．■

## 4.4 保存力

前節で，力学的エネルギーが保存される例を見た．ただし，保存される条件については，「摩擦や空気抵抗がなければ」などと言っていただけで，まだ曖昧なままである．力学的エネルギーが保存されるための，もっとはっきりした条件は存在しないだろうか．実は，「系にはたらく力が**保存力**であるならば，力学的エネルギーが保存する」ということができる．ここで，保存力とは**位置エネルギーの負の勾配で与えられる力**のことである．“負の勾配” の一般的な定義を与える前に，まずは1次元上の運動について考えてみることにしよう．1次元の場合には保存力 $F$ は，単なる微分を用いて

$$F = -\frac{dV(x)}{dx} \tag{4.10}$$

と表すことができるからである．ここで，$x$ が位置を表す変数，$V(x)$ が系の位置エネルギーである．

**導入 例題 4.6**

以下の位置エネルギーに対して，保存力を求めよ．

(1)　重力による位置エネルギー (4.3) 式

(2)　ばねによる位置エネルギー (4.4) 式

**【解答】**　保存力は

$$(1)\quad F = -\frac{d}{dz}(mgz - mgz_0) = -mg,$$

$$(2)\quad F = -\frac{d}{dx}\left(\frac{1}{2}kx^2\right) = -kx$$

と求まる．それぞれ，重力とフックの法則に従う力に他ならない．■

それでは物体が 1 次元的な運動をする場合，系にはたらく力が保存力だけならば，力学的エネルギーが保存されることを証明してみよう．

**導入 例題 4.7**

質量 $m$ の物体が，(4.10) 式で表される保存力だけを受けて，1 次元上（$x$ 軸）を運動している．このとき力学的エネルギーは $\frac{1}{2}m\dot{x}^2 + V(x)$ と書けるが，この表式を時間 $t$ で微分することにより，力学的エネルギーが一定であることを示せ．ただし，$V(x)$ は $x$ だけの変数であるが，$x = x(t)$ を通じて，時間 $t$ に依存することに注意すること．

**【解答】**　力学的エネルギーを時間 $t$ で微分すると

$$\begin{aligned}\frac{d}{dt}\left(\frac{1}{2}m\dot{x}^2 + V(x)\right) &= \frac{1}{2}m\cdot\frac{d}{dt}\dot{x}^2 + \frac{d}{dt}V(x)\\ &= \frac{1}{2}m\cdot 2\dot{x}\ddot{x} + \frac{dV(x)}{dx}\frac{dx}{dt}\\ &= m\dot{x}\ddot{x} - F\dot{x} = \dot{x}(m\ddot{x} - F).\end{aligned}$$

物体は保存力だけを受けて運動しているので，その運動は運動方程式 $F = m\ddot{x}$ で記述できるはずである．すなわち，最後の等式の括弧内は零である．よって，力学的エネルギーの時間微分が零，つまり，**力学的エネルギーが定数であることが証明された**．■

ここで (4.10) 式で表される保存力とは，物体にどのようにはたらくものなのかを考えてみよう．この節の始めで，“負の勾配” と述べたように，位置エネルギーの低い方に向かう力になっているはずだ．

**確認 例題 4.7**

以下に示される位置エネルギーについて，横軸に位置 $x$，縦軸に位置エネルギー $V(x)$ の値を表すグラフを描け．質点が，どのような向きに力を受けるのかについて，典型的な位置を選び，受ける力の向きをグラフ上に書き込め．

(1)　空気抵抗のない自由落下の場合の位置エネルギー $V(x) = mgx$．鉛直上向きを $x$ 軸の正の向き，地上を座標の原点および位置エネルギーの基準点としている．

(2)　ばね振動子の位置エネルギー $V(x) = \frac{1}{2}kx^2$．自然長からのばねの伸びを $x$，ばね定数を $k$（$> 0$）としている．

**【解答】**　(1)　$V(x)$ は傾き $mg$ の直線である．保存力は $F = -\frac{dV}{dx} = -mg$ より，質点がどの位置にあっても，一定の力の大きさ $mg$ で質点を負の向きに引っ張る．位置エネルギーを斜面とみなすと，保存力は斜面を下る向きを向いている．（図 (a)）

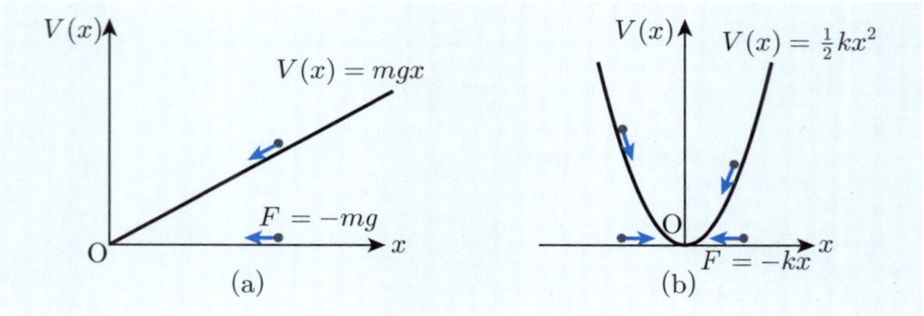


(2)　$V(x)$ は $x = 0$ に極小値をもつ，下に凸の 2 次関数である．$x > 0$ の領域では，$V(x)$ の傾きは正（$\frac{dV}{dx} > 0$）であるので，保存力は負の向きにはたらく（$F = -\frac{dV}{dx} < 0$）．$x < 0$ の領域では，$V(x)$ の傾きは負（$\frac{dV}{dx} < 0$）であるので，保存力は正の向きにはたらく（$F = -\frac{dV}{dx} > 0$）．この場合も，ばねにと

り付けられた質点は，どの位置にあっても，位置エネルギーの斜面を下る向きに力を受けることがわかる．（図 (b)）

確認例題 4.7 で見たように，ある位置における保存力は，その位置で位置エネルギーが低くなる向きを向く，という性質をもっている．

次に，3 次元系の場合の位置エネルギーと保存力の関係を考えてみよう．力学的エネルギーが保存するためには，保存力をどのような形式で記述すればよいだろうか．

**導入 例題 4.8**

質量 $m$ の物体が 3 次元空間内を運動している．物体の座標は位置ベクトル $\boldsymbol{r} = (x, y, z)$ で，速度は速度ベクトル $\dot{\boldsymbol{r}} = (\dot{x}, \dot{y}, \dot{z})$ で表すことができる．変数 $x$, $y$, $z$, $\dot{x}$, $\dot{y}$, $\dot{z}$ はすべて時間の関数である．この系の力学的エネルギー

$$
\begin{aligned}
E &= \frac{1}{2} m|\dot{\boldsymbol{r}}|^2 + V(\boldsymbol{r}) \\
&= \frac{1}{2} m(\dot{x}^2 + \dot{y}^2 + \dot{z}^2) + V(x, y, z)
\end{aligned}
$$

が時間によらず一定であるためには，保存力として，どのような形式のものが必要となるだろうか．1 次元系の保存力 (4.10) を参考にして，力学的エネルギーを時間で微分すると零になるような，保存力の形式を決めよ．ただし，多変数関数である位置エネルギー $V(x(t), y(t), z(t))$ の時間微分は

$$
\frac{dV(x, y, z)}{dt} = \frac{\partial V}{\partial x}\frac{dx}{dt} + \frac{\partial V}{\partial y}\frac{dy}{dt} + \frac{\partial V}{\partial z}\frac{dz}{dt}
$$

と表すことができる♠3．ここで $\frac{\partial}{\partial x}$ は $x$ についての**偏微分**である．$x$ について偏微分するということは，他の変数 $y$ と $z$ を一定のまま，$x$ で微分することを意味する．つまり $V(x, y, z)$ を $x$ で偏微分するとき，$y$ と $z$ は定数と考えてかまわない．$y$ と $z$ についての偏微分に関しても同様である．

---

♠3 付録 A，A.7.2 参照．

**【解答】**　力学的エネルギーを時間 $t$ で微分すると

$$\begin{aligned}\frac{dE}{dt} &= m(\dot{x}\ddot{x}+\dot{y}\ddot{y}+\dot{z}\ddot{z})+\frac{\partial V}{\partial x}\frac{dx}{dt}+\frac{\partial V}{\partial y}\frac{dy}{dt}+\frac{\partial V}{\partial z}\frac{dz}{dt}\\ &= m\dot{\boldsymbol{r}}\cdot\ddot{\boldsymbol{r}}+\frac{\partial V}{\partial x}\dot{x}+\frac{\partial V}{\partial y}\dot{y}+\frac{\partial V}{\partial z}\dot{z}\end{aligned}$$

そこで $\boldsymbol{F}=\left(-\frac{\partial V}{\partial x},-\frac{\partial V}{\partial y},-\frac{\partial V}{\partial z}\right)$ とおいてみると

$$\frac{dE}{dt}=m\dot{\boldsymbol{r}}\cdot\ddot{\boldsymbol{r}}-\boldsymbol{F}\cdot\dot{\boldsymbol{r}}=\dot{\boldsymbol{r}}\cdot(m\ddot{\boldsymbol{r}}-\boldsymbol{F})$$

と書けることがわかる．もし $\boldsymbol{F}$ が物体にはたらく力を表すならば，運動方程式は $\boldsymbol{F}=m\ddot{\boldsymbol{r}}$ となる．その場合は $\frac{dE}{dt}=0$ となり，力学的エネルギーは一定値をとることになる． ■

3 次元系における保存力は，一般に

$$\boldsymbol{F}=\left(-\frac{\partial V}{\partial x},-\frac{\partial V}{\partial y},-\frac{\partial V}{\partial z}\right) \tag{4.11}$$

で与えられる．(4.11) 式は

$$\boldsymbol{F}=-\nabla V(x,y,z)$$

のようにも表記される．記号 $\nabla$ は**ナブラ**とよばれる**微分演算子**で，$\nabla V$（「ナブラ ブイ」と読む）を $V$ の**勾配**とよんでいる．$\nabla V$ を $\mathrm{grad}\,V$（「グレイディエント ブイ」と読む）と表記することもある．これは 1 変数関数 $V(x)$ の傾きを表す微分 $\frac{dV}{dx}$ を多次元へ拡張したものであり，2 変数関数 $V(x,y)$ および 3 変数関数 $V(x,y,z)$ に対して，それぞれ

$$\nabla V(x,y)=\left(\frac{\partial V}{\partial x},\frac{\partial V}{\partial y}\right),\quad \nabla V(x,y,z)=\left(\frac{\partial V}{\partial x},\frac{\partial V}{\partial y},\frac{\partial V}{\partial z}\right)$$

で定義される．

**スカラー関数 $V(x,y,z)$ に演算子 $\nabla$ を作用させたものはベクトルである**．このベクトルは，各点 $(x,y,z)$ において，スカラー関数 $V(x,y,z)$ が最も急に増加する方向を向いていることを見てみよう．

**導入 例題 4.9**

2 変数のスカラー関数 $h(x,y)$ を考える．喩(たと)えとして，$h(x,y)$ は，緯度 $x$ および経度 $y$ で指定される地点の標高を表すものと考えよう．山登りの途中で，ある地点 $(x,y)$ に立ち，周りを見回すと，ある向きでは斜面は上りで，別の向きでは下っている．標高を表す関数 $h(x,y)$ は，そのような各地点での眺めを数学的に表したものである．ここで，標高が $C$ である地点を考えよう．$h(x,y)=C$ を満たす座標 $(x,y)$ は，$x$–$y$ 平面内で閉じた線を描く．これは地図上の等高線に他ならない．

(1)　ある地点 A の座標を $(x,y)$，A から微小距離だけ離れた地点 B の座標を $(x+dx,y+dy)$ とする．この 2 地点 A, B が，同じ等高線上（標高 $C$）にあるとすると，そのことは関数 $h(x,y)$ を使ってどのように表されるか．

(2)　地点 B の標高 $h(x+dx,y+dy)$ の，$dx$, $dy$ の 1 次の項までの近似式

$$h(x+dx,y+dy)\simeq h(x,y)+\frac{\partial h}{\partial x}dx+\frac{\partial h}{\partial y}dy$$

を使って，A から B へ向かうベクトルと $\nabla h$ とが直交していることを示せ．

**【解答】**　(1)　座標が $(x,y)$ の地点 A と，座標が $(x+dx,y+dy)$ の B が同じ標高 $C$ をもつので

$$h(x,y)=C,\quad h(x+dx,y+dy)=C.$$

(2)　与えられた近似式を使って，小問 (1) で求めた関係式の差を計算すると

$$h(x+dx,y+dy)-h(x,y)=\frac{\partial h}{\partial x}dx+\frac{\partial h}{\partial y}dy=0. \qquad (4.12)$$

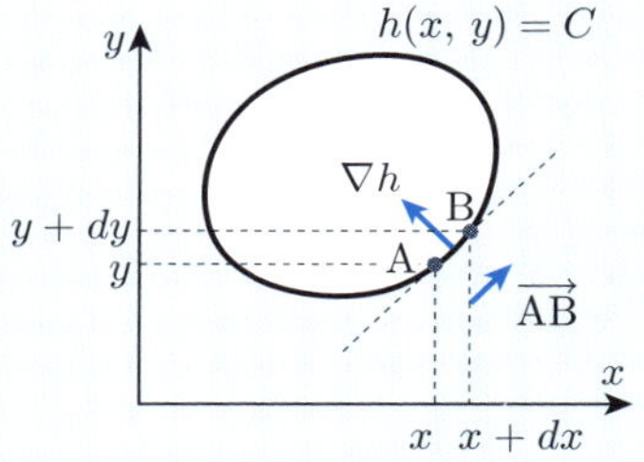


また，地点 A から B へ向くベクトルは $\overrightarrow{\mathrm{AB}}=(x+dx,y+dy)-(x,y)=(dx,dy)$ で表される．したがって，(4.12) 式は，ベクトル $\nabla h=\left(\frac{\partial h}{\partial x},\frac{\partial h}{\partial y}\right)$ とベクトル $\overrightarrow{\mathrm{AB}}=(dx,dy)$ とのスカラー積を用いて

$$\nabla h \cdot \overrightarrow{\mathrm{AB}} = 0$$

と書ける．つまり，標高 $C$ の等高線の接線ベクトル $\overrightarrow{\mathrm{AB}}$ とベクトル $\nabla h$ が直交していることになる． ■

導入例題 4.9 の結論である，「ベクトル $\nabla h = \left(\frac{\partial h}{\partial x}, \frac{\partial h}{\partial y}\right)$ は，等高線の接線ベクトル $\overrightarrow{\mathrm{AB}}$ と直交する」という事実は「等高線から素早く離れるための最も効率的な方向が，$\nabla h$ の指す向きである」と言い換えることができる．ここで，$h$ の等高線の接線方向と「直交する向き」は，$x$–$y$ 平面において 2 つ存在するが，点 A から $x$ の値とともに $h(x, y)$ の値が減少しているならば $\frac{\partial h}{\partial x} < 0$ であり，点 A から $y$ の値とともに $h(x, y)$ の値が増加しているならば $\frac{\partial h}{\partial y} > 0$ であるので，**ベクトル $\nabla h$ は $h(x, y)$ が増加する向きである**ことが理解できるだろう．

位置 $(x, y, z)$ における保存力の向きについては，$\boldsymbol{F} = -\nabla V$ と負符号が付くことから，その位置で**位置エネルギー $V(x, y, z)$ が最も急激に減少する向きを向く**ことになる．1 次元系の場合に，保存力は「斜面を下る向き」にはたらくことを見たが，それと同様の結論である．

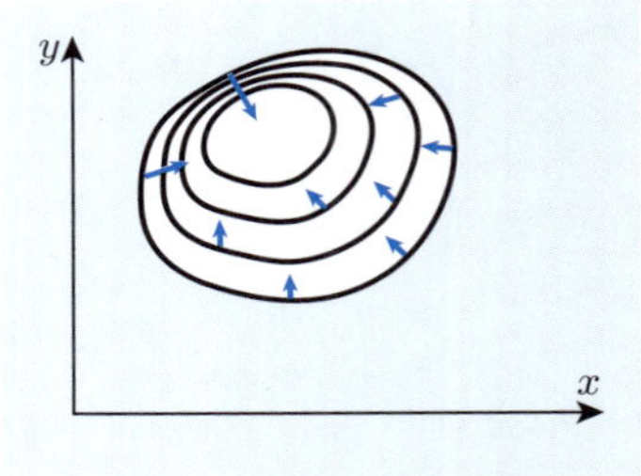

$\nabla h$ の向き（図中の矢印）は標高が最も急激に上昇する向きを向く．

**ちょっと寄り道** **最急降下法**

$n$ 個の変数からなる状態 $\boldsymbol{x} = (x_1, x_2, \ldots, x_n)$ によって特徴付けられる系があるとする．また，状態 $\boldsymbol{x}$ を変数とする，ある関数 $W(\boldsymbol{x})$ があるとする．もし，状態 $\boldsymbol{x}$ を $W$ の勾配を使って

$$\frac{dx_i}{dt} = -\frac{\partial W}{\partial x_i} \quad (i = 1, 2, \ldots, n) \qquad (*)$$

のように変化させると，関数 $W(\boldsymbol{x})$ は

$$\frac{dW}{dt} = \sum_{i=1}^{n} \frac{\partial W}{\partial x_i} \frac{dx_i}{dt} = -\sum_{i=1}^{n} \left(\frac{\partial W}{\partial x_i}\right)^2 < 0$$

のように時間に関する単調減少関数になる．これは言い換えると「系の状態を，ある初期状態 $\boldsymbol{x}_{初}$ から $(*)$ 式に従って変化させると，状態は常に $W$ の最も勾配が急な方向に移動し，最終的に $W$ の（局所的な）極小値を与える状態 $\boldsymbol{x}_{終}$ に近づく」ことを意味している．$(*)$ 式を利用して，関数 $W$ の極小値を求めるこの方法は最急降下法 (method of steepest descent) とよばれ，神経回路網を模した人工知能モデルなど

で利用されている．（OM） □

最後に，勾配を計算することにより，位置エネルギーから保存力を求める例題を解いてみよう．

**確認 例題 4.8**

万有引力の位置エネルギー (4.6) の勾配を計算することにより，万有引力の式 (4.5) を導け．

**【解答】** 与条件により

$$\boldsymbol{F} = -\nabla\left(-\frac{GMm}{r}\right) = GMm\left(\frac{\partial}{\partial x}\frac{1}{r}, \frac{\partial}{\partial y}\frac{1}{r}, \frac{\partial}{\partial z}\frac{1}{r}\right)$$

である．ここで $r = \sqrt{x^2 + y^2 + z^2}$ より

$$\begin{aligned}\frac{\partial}{\partial x}\frac{1}{r} &= \frac{\partial}{\partial x}(x^2 + y^2 + z^2)^{-1/2} \\ &= -\frac{1}{2}(x^2 + y^2 + z^2)^{-3/2} \times 2x = -\frac{x}{r^3}.\end{aligned}$$

同様の計算により

$$\frac{\partial}{\partial y}\frac{1}{r} = -\frac{y}{r^3}, \quad \frac{\partial}{\partial z}\frac{1}{r} = -\frac{z}{r^3}.$$

よって

$$\boldsymbol{F} = -GMm\left(\frac{x}{r^3}, \frac{y}{r^3}, \frac{z}{r^3}\right) = -\frac{GMm}{r^3}\boldsymbol{r}.$$

ここで $\boldsymbol{r} = (x, y, z)$．$\boldsymbol{r} = r\hat{\boldsymbol{r}}$ より，導かれた万有引力の式は (4.5) 式に一致している． ■

**保存力のまとめ**

- スカラー関数 $h$ の勾配 $\nabla h = \left(\frac{\partial h}{\partial x}, \frac{\partial h}{\partial y}, \frac{\partial h}{\partial z}\right)$ は，$h$ が最も急激に増加する向きを向くベクトルである
- 位置エネルギー $U$ の負の勾配で与えられる力 $\boldsymbol{F} = -\nabla U$ を保存力という
- 保存力は位置エネルギー $U$ が最も急激に減少する向きを向く
- 質点が受ける力が保存力だけの系では力学的エネルギーが保存する

## 第4章　演習問題

**4.1**　重力による位置エネルギーを求める確認例題 4.2 の小問 (2) を，以下の (1) 幾何学的な方法，および (2) 積分を使う方法，の 2 つの方法を使って解け．

(1)　手が物体に加える力を $\boldsymbol{F}_{\mathrm{h}}$，変位ベクトルを $\Delta\boldsymbol{r}$ とする．また，変位ベクトルの水平方向の大きさを $x$，鉛直方向の大きさを $z$ とする（図）．

i.　図に示されたような角度 $\theta$ を導入する．$\cos\theta$ の値を $x$, $z$ および $|\Delta\boldsymbol{r}|$ を用いて表せ．

ii.　手が物体にする仕事 $\Delta W = \boldsymbol{F}_{\mathrm{h}} \cdot \Delta\boldsymbol{r}$ が $mgz$ に等しいことを示せ．

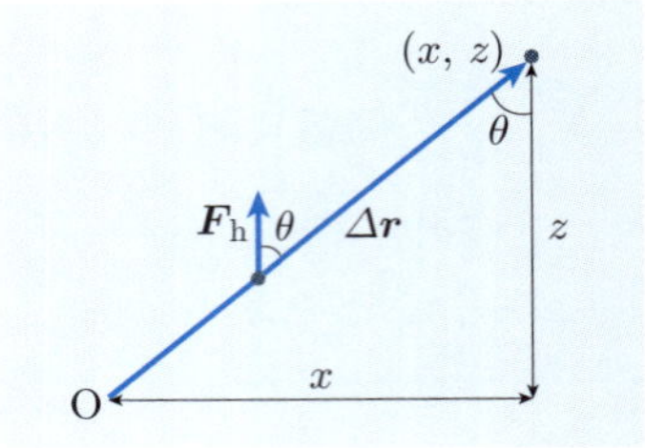


(2)　手が物体に加える力を $\boldsymbol{F}_{\mathrm{h}}$，そのときの物体の微小な変位ベクトルが $d\boldsymbol{r}' = (dx', dz')$ であるとき，手が物体にする微小仕事は $dW_{\mathrm{h}} = \boldsymbol{F}_{\mathrm{h}} \cdot d\boldsymbol{r}'$ で与えられる．物体の位置が，直線 $z = x$ に沿って $\boldsymbol{r}_0 = (0, 0)$ から $\boldsymbol{r}_1 = (x, z)$ まで移動するときに，手がする仕事を $dW_{\mathrm{h}}$ を積分することにより求めよ．

**4.2**　地上からロケットを発射する．そのロケットが地球の重力を振り切り，無限遠点に飛び去るために必要となる速度のことを第 2 **宇宙速度**という．万有引力定数を $G$，地球の質量を $M$，地球の半径を $R$，ロケットの質量を $m$ とし，以下の問いに答えよ．ただし，ロケットは地上で瞬間的に速度を与えられ，それ以降は加速させないとする．また，地球は静止していると考えてよい．

(1)　ロケットが地球の中心から距離 $r$ だけ離れた位置にあるときの速さを $v$ とする．このとき，地球とロケットからなる系の力学的エネルギーを求めよ．

(2)　系の力学的エネルギーが保存されることを利用して，第 2 宇宙速度を求めよ．地球の重力を振り切るのに必要な速度とは，ロケットの速度が無限遠点でちょうど零になる速度のことである．

(3)　物理定数が $G \simeq 6.7 \times 10^{-11}\ \mathrm{N\,m^2\,kg^{-2}}$，$M \simeq 6.0 \times 10^{24}\ \mathrm{kg}$ および $R \simeq 6.4 \times 10^{6}\ \mathrm{m}$ で与えられるとき，第 2 宇宙速度の値を求めよ．

**4.3**　質量 $m$ の質点が水平方向右向きに，初速 $v_0$ を与えられ，動き出した．質点は水平面から摩擦力を受けながら進み，最終的に停止した．摩擦力の大きさは，$f = \mu' mg$ のように質点にはたらく重力に比例することが知られている．（比例係数 $\mu'$ を**動摩擦係数**という．）水平方向右向きを $x$ 軸の正の向きとし，質点が動き始めた点を原点とする．空気抵抗は無視できるとし，以下の問いに答えよ．

(1)　質点の加速度 $a$ を求めよ．

(2)　質点の速度 $v$ を時間 $t$ の関数として求めよ．

(3)　質点が進む距離 $s$ を時間 $t$ の関数として求めよ．

(4)　動き始めてから停止するまでの運動エネルギーの変化を求めよ．

(5)　動き始めてから停止するまでに，摩擦力がする仕事を求めよ．

**4.4**　単振り子の議論で，振れの角度 $\theta$ が微小であるならば，近似式 $\sin\theta \simeq \theta$ が成り立つとした．（$\theta$ の単位は弧度法のラジアン（rad）であることに注意せよ．）この近似式がどの程度の精度をもっているかを検証しよう．

(1)　$\theta = 0.1\,\mathrm{rad}$ の度数法（単位 °）での値を求めよ．

(2)　$\sin\theta$ は $\theta$ の 3 次までの近似で $\sin\theta \simeq \theta - \frac{1}{3!}\theta^3$ と書ける ♠4．$\theta = 0.1\,\mathrm{rad}$ のとき，$\theta^3$ の項は $\theta$ の項に対して，どの程度の大きさをもつかを考察せよ．

(3)　グラフ描画，または表計算のソフトウエアを用いて，横軸に $\theta$，縦軸に近似式 $\sin\theta \simeq \theta$ の誤差をプロットしたグラフを作成せよ．横軸には度（°）を単位とする値を，縦軸の単位はパーセント（%）とし，$0° < \theta < 90°$ の範囲で検証せよ．

**4.5**　第 3 章末の問題 3.4 の連成振動子に関して，系の力学的エネルギーを求めよ．また，位置エネルギー $U$ の負の勾配を計算することで，質点 1（位置 $x_1$，質量 $m_1$）にはたらく力 $F_1$（$= -\frac{\partial U}{\partial x_1}$）と質点 2（位置 $x_2$，質量 $m_2$）にはたらく力 $F_2$（$= -\frac{\partial U}{\partial x_2}$）を求めよ．

♠4 付録 A，A.6.1 参照．

# 第5章 運　動　量

運動量は外力がはたらかないときに保存する物理量である．合体や散乱を伴う物体の衝突，爆発などによる物体の分裂時の運動，ロケットのように質量が変化する物体の運動，さらに落下する鎖の運動など，系の運動量を考えることによって多くの現象を理解することができるようになる．

## 5.1　運動量と保存則

運動方程式 (2.6) を

$$\boldsymbol{F} = \frac{d\boldsymbol{p}}{dt} \tag{5.1}$$

と書き直してみよう．ここで，物体の質量 $m$，および速度 $\boldsymbol{v}$ を使って

$$\boldsymbol{p} = m\boldsymbol{v} \tag{5.2}$$

として定義されるベクトル量 $\boldsymbol{p}$ を**運動量**という．(5.1) 式で，もし $\boldsymbol{F} = 0$ ならば，$\frac{d\boldsymbol{p}}{dt} = 0$，すなわち $\boldsymbol{p} =$ 一定 ということになる．そうなると，力学的エネルギー保存則のように，何らかの利用価値があるかもしれない．そこでまずは，$\boldsymbol{F} = 0$ という条件が何を意味するかについて，少し詳しく考えてみよう．

**導入　例題 5.1**

質量と速度がそれぞれ $m_1$ および $\boldsymbol{v}_1$ で与えられる質点 1 と，$m_2$ および $\boldsymbol{v}_2$ で与えられる質点 2 がある．2 つの質点は 3 次元空間を自由に運動していて，互いに衝突さえしなければ，何の力も受けない．質点 1 の運動量を $\boldsymbol{p}_1$（$= m_1\boldsymbol{v}_1$），質点 2 の運動量を $\boldsymbol{p}_2$（$= m_2\boldsymbol{v}_2$）とすると，系全体の運動量は $\boldsymbol{p} = \boldsymbol{p}_1 + \boldsymbol{p}_2$（$= m_1\boldsymbol{v}_1 + m_2\boldsymbol{v}_2$）のように，系を構成する質点の運動量の和で表すことができる．

(1)　衝突がないときの質点 1 と質点 2 の運動方程式をそれぞれ求めよ．

(2)　衝突がないとき，全運動量 $\boldsymbol{p}$ が保存することを示せ．

(3)　2つの質点が衝突した．この瞬間，2つの質点は互いに力をおよぼし合う．ここで，質点1が質点2から受けた力を $\boldsymbol{F}_{2\to1}$，また質点2が質点1から受けた力を $\boldsymbol{F}_{1\to2}$ と書くことにする．質点が衝突した瞬間に成り立つ運動方程式を，2つの質点に対してそれぞれ与えよ．

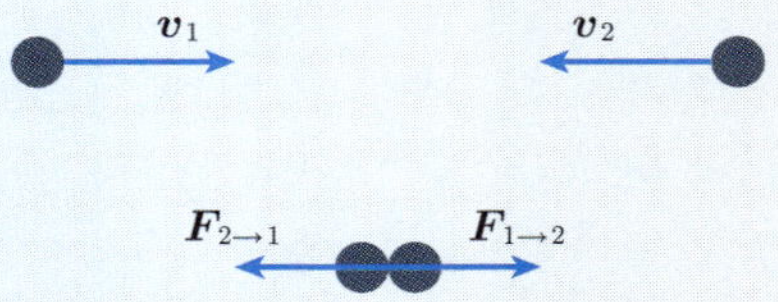


(4)　作用・反作用の法則によると，$\boldsymbol{F}_{2\to1}$ と $\boldsymbol{F}_{1\to2}$ は大きさが同じで，向きが反対でなければならない．すなわち，$\boldsymbol{F}_{2\to1}=-\boldsymbol{F}_{1\to2}$ である．この関係を使って，衝突が起こったとしても，全運動量 $\boldsymbol{p}$ が保存することを示せ．

**【解答】**　(1)　2つの質点にはたらく力は存在しないので，運動方程式は

$$\frac{d\boldsymbol{p}_1}{dt}=0,\quad \frac{d\boldsymbol{p}_2}{dt}=0$$

となる．

(2)　小問(1)で求めた運動方程式の和をとると

$$\frac{d\boldsymbol{p}_1}{dt}+\frac{d\boldsymbol{p}_2}{dt}=\frac{d(\boldsymbol{p}_1+\boldsymbol{p}_2)}{dt}=\frac{d\boldsymbol{p}}{dt}=0.$$

すなわち $\boldsymbol{p}=$ 一定 である．

(3)　衝突し互いに力をおよぼし合っているときの運動方程式は

$$\frac{d\boldsymbol{p}_1}{dt}=\boldsymbol{F}_{2\to1},\quad \frac{d\boldsymbol{p}_2}{dt}=\boldsymbol{F}_{1\to2}.$$

(4)　小問(3)で求めた運動方程式の和をとり，$\boldsymbol{F}_{2\to1}=-\boldsymbol{F}_{1\to2}$ を使うと

$$\frac{d\boldsymbol{p}_1}{dt}+\frac{d\boldsymbol{p}_2}{dt}=\frac{d\boldsymbol{p}}{dt}=\boldsymbol{F}_{2\to1}+\boldsymbol{F}_{1\to2}=0.$$

すなわち，衝突があっても $\boldsymbol{p}=$ 一定 である．■

$\boldsymbol{F}_{2\to1}$ や $\boldsymbol{F}_{1\to2}$ のように，物体の間にはたらき，作用・反作用の法則により互いに打ち消しあう（$\boldsymbol{F}_{2\to1}+\boldsymbol{F}_{1\to2}=0$ のような）力を**内力**という．導入例題5.1は，2つの質点にはたらく力が内力だけであるとき，全体の運動量が保存することを示している．

実は，系に含まれる質点の数が2個以上であっても，同様の議論が成り立つ．

$N$ 個の質点が存在する系（$N$ 質点系）で，ある質点 $i$ が，他の質点 $j$ から受ける力を導入例題 5.1 と同様に $\boldsymbol{F}_{j\to i}$ と書くと，質点 $i$ が他の質点から受ける力の総和は $\sum_{j\neq i} \boldsymbol{F}_{j\to i}$ と書ける．ここで，記号 $\sum_{j\neq i}$ は，自分自身を表す $i$ を除いた和（総和 $\sum_{j=1}^{N}$ から $j=i$ となる要素を除いたもの）をとることを意味している．この記号を使うと，質点 $i$ の運動方程式は

$$\frac{d\boldsymbol{p}_i}{dt} = \sum_{j\neq i} \boldsymbol{F}_{j\to i}$$

となる．$N$ 個の質点の運動方程式は

$$\begin{aligned}
\frac{d\boldsymbol{p}_1}{dt} &= 0 &&+ \boldsymbol{F}_{2\to 1} &&+ \boldsymbol{F}_{3\to 1} &&+ \cdots + \boldsymbol{F}_{N\to 1} \\
\frac{d\boldsymbol{p}_2}{dt} &= \boldsymbol{F}_{1\to 2} &&+ 0 &&+ \boldsymbol{F}_{3\to 2} &&+ \cdots + \boldsymbol{F}_{N\to 2} \\
\frac{d\boldsymbol{p}_3}{dt} &= \boldsymbol{F}_{1\to 3} &&+ \boldsymbol{F}_{2\to 3} &&+ 0 &&+ \cdots + \boldsymbol{F}_{N\to 3} \\
\cdots &= \cdots \\
\frac{d\boldsymbol{p}_N}{dt} &= \boldsymbol{F}_{1\to N} &&+ \boldsymbol{F}_{2\to N} &&+ \boldsymbol{F}_{3\to N} &&+ \cdots + 0
\end{aligned}$$

と書ける．この $N$ 個の運動方程式について，右辺と左辺の和をそれぞれとると

$$\sum_{i=1}^{N} \frac{d\boldsymbol{p}_i}{dt} = \sum_{i>j} (\boldsymbol{F}_{i\to j} + \boldsymbol{F}_{j\to i}). \tag{5.3}$$

ここで，$\sum_{i>j}$ は，2 重和 $\sum_{i=1}^{N}\sum_{j=1}^{N}$ において $i>j$ となる要素だけ，和をとることを意味する記号である．作用・反作用の法則により $\boldsymbol{F}_{i\to j} = -\boldsymbol{F}_{j\to i}$ が成り立つので，(5.3) 式の右辺の和は零，すなわち $\sum_{i=1}^{N} \frac{d\boldsymbol{p}_i}{dt} = 0$ が結論される．以上の議論のように，考えるべき力が内力だけの場合，系全体の運動量

$$\boldsymbol{p} = \sum_{i=1}^{N} \boldsymbol{p}_i = \sum_{i=1}^{N} m_i \boldsymbol{v}_i$$

は一定値をとる（$m_i$ および $\boldsymbol{v}_i$ は，質点 $i$ の質量と速度をそれぞれ表す）．これを**運動量保存の法則**という．

**系全体で考えたとき，作用・反作用の法則により質点間で打ち消される力が内力である．他方，質点が常に一定の力を受けるなど，系全体で考えたときに相殺されずに，残ってしまう力を外力という．**

**確認　例題 5.1**

以下の状況に現れる力学的な力は内力とみなせるか，それとも外力と考えるべきかを考察せよ．

(1)　自転車に乗っているとき，背後から風を受けた．風に押されて，前に進みやすく感じた．

(2)　ボウリングのボールを胸の高さに持って立っている．腕を前方に突き出し，ボールを投げ出した．このとき，後ろに押し返されるような力を感じた．

(3)　質量 $M$ と質量 $m$ の星が万有引力によって，互いに引き合っている．

(4)　地上で質量 $m$ の物体の落下運動を考える．物体が受ける力の大きさは $mg$ である．

**【解答】**　(1)　力学の問題として考えるとき，自転車（とそれをこぐ人）を運動する物体として考えるのが妥当であろう．よって，風が押す力は，考える系の外部からもたらされる外力とみなすべきである．

(2)　典型的な作用・反作用の例であり内力である．ボールが押し出される力と，人が受ける力は同じ大きさで反対の向きをもつので，ボールと人を 1 つの系と考えたとき，系ではたらいている力の総和は零である．

(3)　2 つの星の距離が $r$ のとき，両者がおよぼし合う力の大きさは $\frac{GMm}{r^2}$ で，力の向きは逆である．これらの力のベクトル和は零であり，内力である．

(4)　地上における重力の起源は，物体と地球の間の万有引力である．しかし，今の場合は，落下する物体のみを考えており，重力は固定され動かない地球からもたらされたものと考えている．よって，重力 $mg$ は外力である．事実，質点の速度は落下するにつれ増加するので，系の運動量も増加し続けることになる．■

**運動量のまとめ**

- 質量 $m$，速度 $\boldsymbol{v}$ をもつ質点の運動量は $\boldsymbol{p} = m\boldsymbol{v}$ で定義されるベクトル量である
- ある系に存在する力の中で，作用・反作用の法則により相殺してしまい，系

全体の運動方程式には現れなくなる力を内力，相殺されずに残ってしまう力を外力という

- 考える系に存在する力が内力だけのとき，系の運動量は保存する

## 5.2 2粒子の衝突

粒子の衝突過程は運動量が保存する典型的な例である．ここで2つの質点が衝突するときの運動を調べてみることにしよう．

質量 $m_1$ の質点1と質量 $m_2$ の質点2の衝突を考えてみよう．質点1の速度は衝突の前後で $\boldsymbol{v}_1$ から $\boldsymbol{v}_1'$ に，質点2は $\boldsymbol{v}_2$ から $\boldsymbol{v}_2'$ に，それぞれ変化したとする．このとき，運動量保存の法則により

$$m_1\boldsymbol{v}_1 + m_2\boldsymbol{v}_2 = m_1\boldsymbol{v}_1' + m_2\boldsymbol{v}_2' \tag{5.4}$$

が成り立つ必要がある．運動量はベクトル量なので，(5.4) 式は成分ごとに等式が成り立つ．

まずは

- 粒子の運動は1次元上に制限されている
- 一定の速度 $v_1$ で進行する質点1が，静止している質点2に衝突する

という条件の下での衝突を考えてみよう．衝突後の質点1, 2の速度を，それぞれ $v_1'$, $v_2'$ とすると，運動量保存の式は

$$m_1v_1 = m_1v_1' + m_2v_2' \tag{5.5}$$

となる．質点の質量 $m_1$, $m_2$ と衝突前の質点1の速度 $v_1$ が既知であるとする．知りたいのは衝突後の速度 $v_1'$, $v_2'$ の2つなので，これらの値を確定させるためには，運動量保存の式 (5.5) だけでは情報が足りず，もう1つ条件が必要となる．

**導入 例題 5.2**

上記の1次元運動をする2粒子の衝突で，衝突後，2粒子は一体となり，速度 $v'$ で運動した．

(1) 衝突後の速度 $v'$ を $v_1$, $m_1$, $m_2$ で表せ．

(2) 衝突前後での運動エネルギーの変化量 $\Delta K$ を求めよ．

(3)　小問 (2) では $\Delta K \leq 0$，すなわち運動エネルギーは減少しているはずである．失われた運動エネルギーはどうなるのかを考察せよ．

(4)　惑星に隕石が衝突する場合など，質点1に比べ，質点2が巨大，すなわち $m_2 \gg m_1$ の場合，$\Delta K$ はどのような値になるか．

**【解答】** (1)　2粒子は一体となるので $v_1' = v_2' = v'$ であり，運動量保存の式 (5.5) は $m_1 v_1 = m_1 v' + m_2 v'$ となる．よって $v' = \frac{m_1 v_1}{m_1 + m_2}$ と求まる．

(2)　衝突前後の運動エネルギーの差は

$$\begin{aligned} \Delta K &= \frac{1}{2}(m_1 + m_2)v'^2 - \frac{1}{2}m_1 v_1^2 \\ &= \frac{1}{2}(m_1 + m_2)\frac{(m_1 v_1)^2}{(m_1 + m_2)^2} - \frac{1}{2}m_1 v_1^2 \\ &= -\frac{1}{2}\frac{m_1 m_2}{m_1 + m_2}v_1^2. \end{aligned}$$

$m_1, m_2 > 0$ より，$\Delta K < 0$. すなわち運動エネルギーは減少する．

(3)　衝突時に発生する音，熱，または火花など，力学的なエネルギーではない，他のエネルギーの形に変化する．

(4)　$m_2 \to \infty$ の極限を考えると

$$\begin{aligned} \lim_{m_2 \to \infty} \Delta K &= \lim_{m_2 \to \infty}\left(-\frac{1}{2}\frac{m_1}{m_1/m_2 + 1}v_1^2\right) \\ &= -\frac{1}{2}m_1 v_1^2. \end{aligned}$$

これは，最初にもっていた運動エネルギーがすべて，熱エネルギーなどに変化することを意味している．■

導入例題5.2では，系の運動エネルギーは衝突により失われていた．衝突が起こると，運動量は保存しても，一般には力学的エネルギーまで保存されるわけではないことに注意しよう．では，運動量と力学的エネルギーの両方が保存する場合，衝突後の速度はどのように決定されるだろうか．衝突時に力学的エネルギーが保存する衝突を**弾性的**な衝突，または**弾性衝突**という．他方，力学的エネルギーが失われる衝突を**非弾性衝突**という．

**確認 例題 5.2**

運動量が保存する条件式 (5.5) に加え，系の運動エネルギーも保存するような衝突を考える．すなわち

$$\frac{1}{2}m_1v_1^2 = \frac{1}{2}m_1v_1'^2 + \frac{1}{2}m_2v_2'^2$$

が成り立つとする．

(1) 質点 1, 2 の衝突後の速度 $v_1', v_2'$ を求めよ．

(2) 質点 1, 2 の質量が以下の関係にあるとき，それぞれの衝突後の速度はどうなるか：

(a) $m_1 = 2m_2$, (b) $m_1 = m_2$, (c) $m_1 = \frac{1}{2}m_2$, (d) $m_1 \ll m_2$

**【解答】** (1) (5.5) 式から求まる $v_1' = v_1 - \frac{m_2}{m_1}v_2'$ をエネルギー保存の式に代入して $v_1'$ を消去し，整理すると

$$\frac{1}{2}m_1v_1^2 = \frac{1}{2}m_1\left(v_1 - \frac{m_2}{m_1}v_2'\right)^2 + \frac{1}{2}m_2v_2'^2$$

$$\Longrightarrow \quad 0 = \frac{1}{2}m_1\left\{-2\frac{m_2}{m_1}v_1v_2' + \left(\frac{m_2}{m_1}\right)^2 v_2'^2\right\} + \frac{1}{2}m_2v_2'^2$$

$$\Longrightarrow \quad 0 = \frac{1}{2}m_2v_2'\left(-2v_1 + \frac{m_1+m_2}{m_1}v_2'\right).$$

$v_2' = 0$ は一般には成り立たないので，$-2v_1 + \frac{m_1+m_2}{m_1}v_2' = 0$ が成立しなければならない．この関係から求まる $v_2'$ を (5.5) 式に代入すると $v_1'$ が得られる．結果は

$$v_1' = \frac{m_1 - m_2}{m_1 + m_2}v_1, \quad v_2' = \frac{2m_1}{m_1 + m_2}v_1$$

となる．

(2) 小問 (1) の答えに与えられた質量を代入して，$v_1'$ と $v_2'$ を決定する．

(a) $v_1' = \frac{1}{3}v_1, v_2' = \frac{4}{3}v_1$．質点 1 と 2 はともに，衝突前の質点 1 の進行方向に進む．質点 2 の速さは質点 1 の 4 倍である．

(b) $v_1' = 0, v_2' = v_1$．衝突後，質点 1 は静止する．質点 2 は質点 1 と入れ替わるように，衝突前の質点 1 と同じ速さで動き出す．

(c)　$v_1' = -\frac{1}{3}v_1$, $v_2' = \frac{2}{3}v_1$. 速さは(a)と同じだが，質点1は進入してきた方向にはね返される．

(d)　$m_2 \to \infty$ の極限をとると，$v_1' \to -v_1$, $v_2' \to 0$. 質点1は進入してきた方向にはね返され，同じ速さで遠ざかっていく．質点2は動かない．■

衝突した2つの粒子が2次元的に散乱される場合も考えてみよう．例えば，2つの質点の運動が2次元平面上に限定されている場合，それぞれの速度成分を $\boldsymbol{v}_1 = (v_{1x}, v_{1y})$, $\boldsymbol{v}_1' = (v_{1x}', v_{1y}')$, $\boldsymbol{v}_2 = (v_{2x}, v_{2y})$, $\boldsymbol{v}_2' = (v_{2x}', v_{2y}')$ とすると

$$m_1 v_{1x} + m_2 v_{2x} = m_1 v_{1x}' + m_2 v_{2x}',$$
$$m_1 v_{1y} + m_2 v_{2y} = m_1 v_{1y}' + m_2 v_{2y}'$$

の2つの等式が成り立つ．

**基本 例題 5.1**

滑らかで水平な2次元平面上を，図に示すように，右向きに等速度 $\boldsymbol{v}_1$ で進行する質点1が，静止していた質点2に衝突した．衝突後，質点1および2は，それぞれ速度 $\boldsymbol{v}_1'$, $\boldsymbol{v}_2'$ で，図のように，2次元平面上を直線的に進んだ．2つの質点の質量が等しく，衝突前後で運動エネルギーが保存されるとして，以下の設問に答えよ．

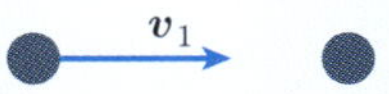


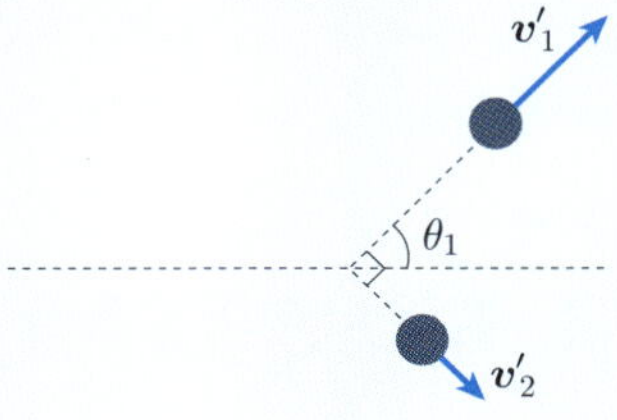


(1)　衝突後の速度ベクトル $\boldsymbol{v}_1'$ と $\boldsymbol{v}_2'$ が直交することを示せ．

(2)　質点1の衝突前後の速度ベクトルがなす角度 $\theta_1$（これを**散乱角**という）が $\frac{\pi}{2}$ を超えることは可能か．

**ヒント**：小問(1)で述べたように，2つの質点の軌道が直交するならば，$\theta_1 > \frac{\pi}{2}$ は，衝突後の縦方向の速度成分が2質点とも同じ（図の上）向きをもつことを意味する．ところが，そうなると，ある矛盾が生じる．その矛盾を見つけよ．

**【解答】**　(1)　2つの質点は質量が等しいので，運動量保存の式より $\boldsymbol{v}_1 = \boldsymbol{v}_1' + \boldsymbol{v}_2'$ が成り立ち，また，運動エネルギー保存の式より $\boldsymbol{v}_1^2 = \boldsymbol{v}_1'^2 + \boldsymbol{v}_2'^2$ が成り立つ．前者

の式の両辺を2乗した式 $\boldsymbol{v}_1^2 = (\boldsymbol{v}_1' + \boldsymbol{v}_2')^2 = \boldsymbol{v}_1'^2 + 2\boldsymbol{v}_1' \cdot \boldsymbol{v}_2' + \boldsymbol{v}_2'^2$ と後者の式の差をとることにより，$\boldsymbol{v}_1' \cdot \boldsymbol{v}_2' = 0$ を得る．これは衝突後の速度 $\boldsymbol{v}_1'$ と $\boldsymbol{v}_2'$ が直交することを意味している．

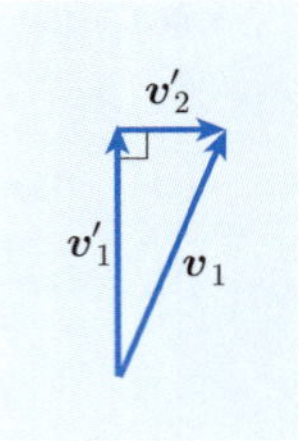


**(別解)** 3つの速度ベクトル $\boldsymbol{v}_1, \boldsymbol{v}_1', \boldsymbol{v}_2'$ の幾何学的な関係は，ピタゴラスの定理を思い出すと，右図のようになっている．よって，2つのベクトル $\boldsymbol{v}_1'$ と $\boldsymbol{v}_2'$ は直交する．

(2) 衝突後の速度の縦方向成分が，2つの質点とも図の上向きを向くと仮定すると，衝突後の系の全運動量の縦方向成分は非零の値をもつことになる．しかし，衝突前の全運動量の縦方向成分は零であるため，これでは運動量保存則を満たすことができない．よって，最初の仮定は正しくなく，衝突後の2つの粒子の速度の縦方向成分は，その成分の全運動量が零になるように，互いに図の上下方向を向かなければならない．衝突後の速度ベクトルは直交するので，散乱角 $\theta_1$ がとることができる値は $\frac{\pi}{2}$ が限界ということになる．よって，$\theta_1$ は $\frac{\pi}{2}$ を超えることができない． ■

**衝突過程のまとめ**

- 粒子が衝突するとき，衝突の前後で運動量は保存している
- 力学的エネルギーは衝突の前後で保存されているとは限らない

## 5.3 質量が変化する系

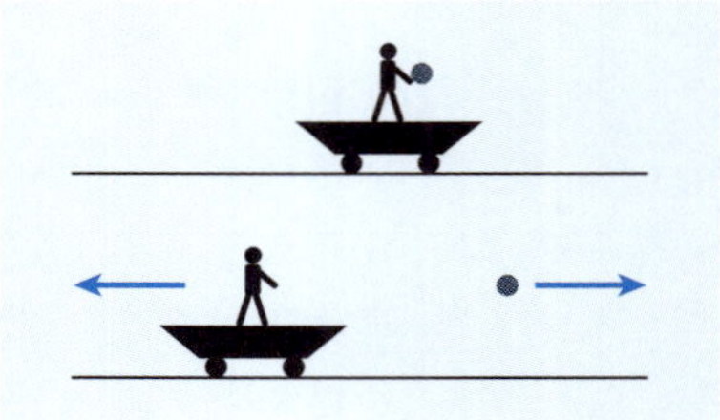

静止しているトロッコの上から，荷物を線路上に投げ捨てたとしよう．荷物を投げた反動により，投げた方向と反対向きにトロッコが動き出す場面が思い浮かぶはずだ．トロッコは，始め静止していたので，系の全運動量は零である．おもりを投げるとき，おもりと人（トロッコ）がおよぼし合う力は明らかに作用・反作用による内力なので，系の運動量も零のまま保存されているはずである．

**導入 例題 5.3**

乗員，荷物のすべてを含めた全荷重 $M$ のトロッコが静止している．そのトロッコの上から線路上に，質量 $m$ の荷物を速度 $V$ で投げ捨てたところ，トロッコは投げた方向と反対向きに一定速度で動き始めた．荷物を投げた方向を正の向きとして，トロッコが得た速度 $v$ を求めよ．

**【解答】** 荷物を投げた後の荷物の運動量は $mV$ であり，荷物を失ったトロッコ側の運動量は $(M-m)v$ である．全運動量は零のまま保存されるので

$$mV + (M-m)v = 0$$
$$\Longrightarrow \quad v = -\frac{m}{M-m}V$$

と求まる．■

運動する物体の質量が連続的に変化する系を考えてみよう．この場合，質量 $m$ が時間 $t$ の関数 $m(t)$ となるので，運動方程式 (5.1) は

$$\boldsymbol{F} = \frac{d\boldsymbol{p}}{dt} = \frac{d(m\boldsymbol{v})}{dt} = \dot{m}\boldsymbol{v} + m\dot{\boldsymbol{v}} \tag{5.6}$$

となる．(5.6) 式の右辺の第 1 項は質量が変化することによる運動量の変化を，第 2 項は速度が変化することによる運動量の変化を表している．

**導入 例題 5.4**

大気中の水蒸気を吸着しながら 1 次元上を運動する物体がある．水蒸気は大気中で静止していて，物体に吸着されると，物体とともに運動を始める．吸着する量は物体の断面積と速度に比例すると考えるのが妥当だろう．すなわち，物体の質量 $m$ は

$$\dot{m} = \alpha v \tag{5.7}$$

で変化すると仮定しよう．ここで $v$ は物体の速さ（$v > 0$）で，$\alpha$ は物体の形から決定される正の定数である．空気抵抗や重力など，他には何の力もはたらかないとして，この物体の運動方程式を求めよ．

**【解答】** 物体と水蒸気の衝突と考えることができるので，衝突時に両者の間にはたらく力は内力である．これ以外の力は存在しないので，(5.6) 式で $\boldsymbol{F} = 0$ とすることができる．ただし，ここでは1次元上を運動するとしているので

$$F = \frac{dm}{dt}v + m\frac{dv}{dt} = 0.$$

(5.7) 式を代入すると

$$\frac{dv}{dt} = -\frac{\dot{m}}{m}v = -\frac{\alpha}{m}v^2$$

となる．物体の運動は，この方程式を (5.7) 式と連立させることによって記述されることになる．（**注意**：$v, m, \alpha$ はともに正値をもつため，$\dot{v} < 0$ かつ $\dot{m} > 0$ である．つまり，運動量 $mv$ を一定に保ちながら，速さ $v$ は単調減少し，質量 $m$ は単調増加する．この状態が続くと，時間 $t \to \infty$ では，一方で $v \to 0$ となり，他方で $m \to \infty$ ということになるが，もちろん実際には，そのようなことは起こらない．時間が経って，吸着する水分が多くなるにつれて，$\dot{m} = \alpha v$ の関係が成り立たなくなるからである．） ■

最後に，宇宙空間で**ロケット**が加速する問題を考えてみよう．飛行機のプロペラ機は，プロペラを回転させ，空気を押すことで推進力を得る．他方，宇宙空間にあるロケットは，空気が存在していないため，プロペラ機と同じことはできない．**実は，ロケットの推進原理は，前述のトロッコの問題と同じで，作用・反作用に基づいたものなのである**．すなわち，ロケットが燃料を後方に噴出させることが作用であり，このとき生じる反作用を推進力として利用しているのである．

**導入 例題 5.5**

無重力空間中の直線軌道上を，速度 $v(t)$ で進む質量 $m(t)$ のロケットがある．ロケットは加速のため，燃料を一定の割合 $\alpha$ $(= |\frac{dm}{dt}| > 0)$ で，進行方向と反対の向きに**ロケットに対して速度 $V$** で噴出させる．放出した燃料の分だけ，ロケットは質量を減少させることになるので，質量変化は $\frac{dm}{dt} = -\alpha$ である．加速されたロケットの，時刻 $t$ における速度 $v(t)$ を以下の手順で求めよ．

(1)　時刻 $t+\Delta t$ におけるロケット本体の運動量は $m(t+\Delta t)v(t+\Delta t)$ で，時刻 $t$ から $t+\Delta t$ の間に放出された燃料の運動量は $\alpha\Delta t(v-V)$ である．ここで $\alpha\Delta t$ は時間 $\Delta t$ の間に放出された燃料の質量で，$v-V$ は静止した観測者から見た燃料の速度である．以上より，時刻 $t+\Delta t$ における系の全運動量は

$$p(t+\Delta t)=m(t+\Delta t)v(t+\Delta t)+\alpha\Delta t(v-V)$$

である．この関係を用い，系の全運動量の変化率

$$\frac{dp}{dt}=\lim_{\Delta t\to 0}\frac{p(t+\Delta t)-p(t)}{\Delta t}$$

を求めよ．なお，$\Delta t$ の 1 次までの近似式

$$m(t+\Delta t)\simeq m(t)+\frac{dm}{dt}\Delta t=m(t)-\alpha\Delta t,$$
$$v(t+\Delta t)\simeq v(t)+\dot{v}\Delta t$$

を用いてよい．

(2)　燃料の放出を始めた時刻を $t=0$，そのときのロケットの質量を $m_0$ とすると，時刻 $t$（$>0$）におけるロケットの質量は $m(t)=m_0-\alpha t$ で与えられる．また外力が存在しないので，系の運動量は保存される．以上を用いて，ロケットの速度 $v$ が満たす微分方程式を $t, \alpha, V, m_0$ を用いて求めよ．

(3)　時刻 $t=0$ におけるロケットの速度が $v_0$ であるとして，小問 (2) で求めた微分方程式を解き，$v(t)$ を求めよ．

(4)　地上からロケットを垂直に打ち上げる場合の運動方程式を求め，時刻 $t$ におけるロケットの速度 $v$ を求めよ．$t=0$ に燃料の噴射を開始した（すなわち初速は零）とし，他の条件は前述の小問の通りとする．また，重力加速度の大きさを $g$ とし，空気抵抗は無視してよい．

**【解答】**　(1)　与えられた近似式を使うと

$$p(t+\Delta t)-p(t)=m\dot{v}\Delta t-\alpha v\Delta t-\alpha\dot{v}(\Delta t)^2+\alpha\Delta t(v-V)$$

と計算されるので

$$\frac{dp}{dt} = m\dot{v} - \alpha v + \alpha(v - V) = m\dot{v} - \alpha V \tag{5.8}$$

と求まる．(5.8) 式の項 $m\dot{v}$ は加速によるロケット本体の運動量の増加を，$-\alpha v$ は質量の損失によるロケット本体の運動量の減少を，$\alpha(v - V)$ は放出された燃料に関する運動量の増加をそれぞれ表す．

(2)　$m(t) = m_0 - \alpha t$ と $\frac{dp}{dt} = 0$ を (5.8) 式に代入すると

$$\frac{dp}{dt} = 0 = m\dot{v} - \alpha V = (m_0 - \alpha t)\dot{v} - \alpha V$$

$$\Longrightarrow \quad \frac{dv}{dt} = \frac{\alpha V}{m_0 - \alpha t}.$$

(3)　小問 (2) で得た微分方程式を変数分離し，積分を実行すると

$$\int dv = \alpha V \int \frac{dt}{m_0 - \alpha t}$$

$$\Longrightarrow \quad v(t) = -V \ln(m_0 - \alpha t) + C.$$

$C$ は積分定数である．$t = 0$ で $v = v_0$ なので

$$v(0) = v_0 = -V \ln m_0 + C$$

$$\Longrightarrow \quad C = v_0 + V \ln m_0.$$

以上より

$$v(t) = v_0 + V \ln \frac{m_0}{m_0 - \alpha t}$$

と求まる．

(4)　鉛直上向きを $x$ 軸とする．重力 $F = -mg$ が外力として加わるので，ロケットの運動方程式は $\frac{dp}{dt} = -mg$．運動量の変化 $\frac{dp}{dt}$ については，(5.8) 式がそのまま使えるので，ロケットの速度に関する微分方程式は

$$m\dot{v} - \alpha V = -mg$$

$$\Longrightarrow \quad \frac{dv}{dt} = -g + \frac{\alpha V}{m_0 - \alpha t}.$$

積分を実行し，初期条件を考慮すると

$$v(t) = -gt + V \ln \frac{m_0}{m_0 - \alpha t} \tag{5.9}$$

と求まる．■

## 第 5 章　演習問題

**5.1** (1) 物体にはたらく力を $\boldsymbol{F}$ とすると，時刻 $t_1$ から時刻 $t_2$ までの物体の運動量の変化は

$$I = \int_{t_1}^{t_2} \boldsymbol{F}\, dt \tag{5.10}$$

で与えられることを示せ．(5.10) 式で与えられる $I$ を**力積**という．すなわち，**運動量の変化は力積に等しい**ことになる．

(2) 水平方向左向きに，速さ $v$ で等速直線運動していたボールが，壁に対して直角に衝突してはね返された．その後ボールは，同じ軌道上を反対向きに速さ $v'$ で等速直線運動を行った．重力の影響は考えなくてよいものとする．ボールが速さ $v$ をもつ状態から，壁にぶつかって瞬間的に速度が零になるまでの力積の変化 $I_{前}$ と，速度零の状態から，速さが $v'$ になるまでの力積の変化 $I_{後}$ を求め，その比が

$$e = \frac{I_{後}}{I_{前}} = \frac{v'}{v} \tag{5.11}$$

であることを示せ．$e$ を**反発係数**，または**はね返り係数**という．

**5.2** 高さ $h$ の位置からゴムボールを初速零で自由落下させたところ，しばらくはね返りを続けた後，床の上に静止した．重力加速度の大きさを $g$，はね返り係数を $e$ $(< 1)$ として以下の問いに答えよ．空気抵抗は無視してよい．

(1) ボールが最初に床に衝突するまでの時間 $t_0$ と，衝突直前の速さ $v_0$ を求めよ．

(2) ボールが最初にはね返った直後の速さは $v_1 = ev_0$ である．速さ $v_1$ を得た瞬間から，ボールが上昇し，上りきって速度が瞬間的に零になるまでに要した時間 $t_1$ と上昇した距離 $h_1$ を $e, g, h$ を用いて表せ．

(3) 高さ $h_1$ の位置で瞬間的に静止した状態から，再び落下して，地上に達するまでに要する時間が $t_1$ に等しいことを示せ．

(4) ボールと床が $n$ 回目の衝突を行った瞬間から，ボールがはね上がって，そして速度が瞬間的に零になるまでに要する時間 $t_n$ を $e, g, h$ を用いて表せ．

(5) ゴムボールが $h$ の高さから落下を始めてから，静止するまでの時間 $T$ を求めよ．

**5.3** 質量 $m_1$ の質点 1 と質量 $m_2$ の質点 2 の，水平面内での衝突を考える．ある座標系で，2 つの質点の位置ベクトルが，それぞれ $\boldsymbol{r}_1, \boldsymbol{r}_2$ であった．他方，質量中心

$$\boldsymbol{r}_{\mathrm{c}} = \frac{m_1\boldsymbol{r}_1 + m_2\boldsymbol{r}_2}{m_1 + m_2} \tag{5.12}$$

を原点とする座標系（**質量中心系**という）では，質点の位置ベクトルは

$$\boldsymbol{r}_{\mathrm{c}1} = \boldsymbol{r}_1 - \boldsymbol{r}_{\mathrm{c}}, \quad \boldsymbol{r}_{\mathrm{c}2} = \boldsymbol{r}_2 - \boldsymbol{r}_{\mathrm{c}}$$

で，それぞれ与えられる．摩擦などの外力は一切存在しないものとして，以下の問いに答えよ．

(1) 質量中心の速度 $\dot{\boldsymbol{r}}_\mathrm{c}$ は定ベクトルであることを示せ．

(2) 質量中心系における質点の速度 $\dot{\boldsymbol{r}}_{\mathrm{c}1}$ および $\dot{\boldsymbol{r}}_{\mathrm{c}2}$ を，$\dot{\boldsymbol{r}}_1$, $\dot{\boldsymbol{r}}_2$ を使って表せ．

(3) 質量中心系における全運動量は零であることを示せ．

(4) ある観測者が，衝突前に，質点1は速さ $v$ で等速直線運動し，質点2は静止していたことを観測した．この観測者がいる座標系を**実験室系**という．実験室系における，衝突前の速度を $\dot{\boldsymbol{r}}_1$ $(|\dot{\boldsymbol{r}}_1| = v)$ および $\dot{\boldsymbol{r}}_2$ $(= 0)$ と表す．他方，質量中心系における，衝突前の速度を $\dot{\boldsymbol{r}}_{\mathrm{c}1}$ および $\dot{\boldsymbol{r}}_{\mathrm{c}2}$，衝突後の速度を $\dot{\boldsymbol{r}}'_{\mathrm{c}1}$ および $\dot{\boldsymbol{r}}'_{\mathrm{c}2}$ とする．

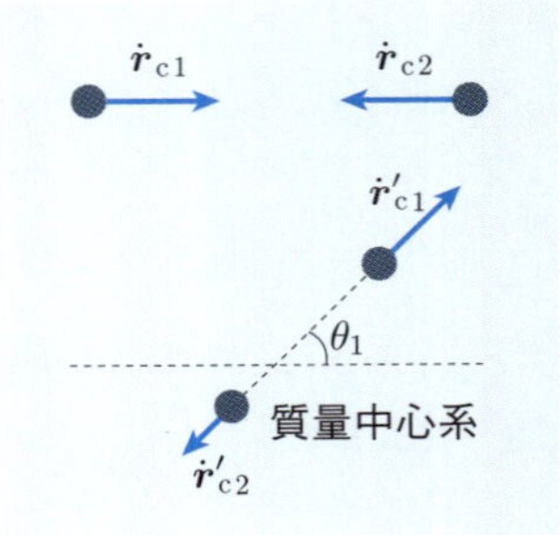


i. **質量中心系における質点1の散乱角と質点2の散乱角は等しい**ことを示せ．

**ヒント**：図のように $\dot{\boldsymbol{r}}'_{\mathrm{c}1}$ と $\dot{\boldsymbol{r}}'_{\mathrm{c}2}$ が平行（ただし向きは逆）であること，すなわち $\dot{\boldsymbol{r}}'_{\mathrm{c}1} = \alpha\dot{\boldsymbol{r}}'_{\mathrm{c}2}$ $(\alpha < 0)$ であることを示せばよい．

ii. 質量中心系における，衝突前の質点の速度 $\dot{\boldsymbol{r}}_{\mathrm{c}1}$ および $\dot{\boldsymbol{r}}_{\mathrm{c}2}$ を $m_1$, $m_2$, $\dot{\boldsymbol{r}}_1$ を使って表せ．

iii. 質量中心系における，衝突前の全運動エネルギーを $m_1$, $m_2$, $v$ を使って表せ．

iv. **衝突が弾性的である場合，質量中心系では質点の速度ベクトルは衝突で向きを変えるだけで，その大きさは変わらない**ことを示せ．

**ヒント**：弾性衝突では力学的エネルギーが保存する．力学的エネルギー保存則を使うと，衝突後の2つの質点の速さが決定できる．それらが衝突前の速さと変化がないことを確認すればよい．

**5.4** 導入例題5.5，小問(4)の地上から打ち上げるロケットに関して，以下の問いに答えよ．ただし，鉛直上向きを $x$ 軸の正の向きとする座標系を選び，時刻 $t = 0$ に地上 $x = 0$ から速度 $v = 0$ で打ち上げを開始したとする．

(1) 導入例題5.5に現れる物理定数の次元は，燃料噴射の割合が $[\alpha] = \mathrm{MT}^{-1}$，噴射する燃料の相対速度が $[V] = \mathrm{LT}^{-1}$，発射前のロケットの質量が $[m_0] = \mathrm{M}$，および，重力加速度が $[g] = \mathrm{LT}^{-2}$ である．これらの定数を使うと，$\frac{V^2}{g}$ は長さの次元を，$\frac{m_0}{\alpha}$ は時間の次元をもつことになる．ここで，以下の関係を満たす無次元の変数 $\chi$ と $\tau$ を定義する：

$$x = \frac{V^2}{g}\chi, \quad t = \frac{m_0}{\alpha}\tau. \tag{5.13}$$

この関係式を，ロケットの速度の式(5.9)に代入することにより，無次元変数 $\chi$ と

$\tau$ が，無次元の定数 $\beta = \frac{m_0 g}{\alpha V}$（$> 0$）を使って

$$\frac{d\chi}{d\tau} = -\beta^2\tau - \beta\ln(1-\tau) \tag{5.14}$$

という関係に従うことを示せ．

(2)　ロケットが上昇し続ける条件，すなわち $\chi(\tau)$ が $\tau$ に関する単調増加関数であるための条件を求めよ．ただし，$\tau$ がとり得る範囲は $0 \leq \tau < 1$ である．

(3)　(5.14) 式を不定積分し，$\chi$ を $\tau$ の関数 $\chi(\tau)$ として求めよ．

**ヒント**：$\ln(1-\tau)$ の積分は $\gamma = 1 - \tau$ と変数変換した後，部分積分を行えばよい．

**5.5**　一様な密度をもつ鎖がテーブルの端に，巻いた状態で置いてある．鎖の一端をつまんでテーブルの外側に運び，静かに手を離すと，その部分は重力により落下を始めた．落下する鎖は，テーブルに残っている鎖をつぎつぎに引いて，落下を続ける．鎖は，落下が始まった瞬間に，既に落下運動している部分と同じ速度をもつものと仮定する．重力加速度の大きさを $g$，また空気抵抗やテーブルとの摩擦は無視できるものとして，以下の問いに答えよ．

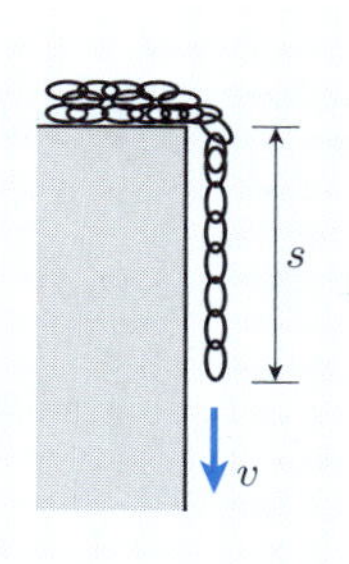


(1)　既に落下運動をしている鎖の部分の長さを $s$，その速度を $v$ とする．鎖の単位長さあたりの質量（線密度）を $\rho$ として，鎖の運動方程式を求めよ．鉛直下向きを正の向きとせよ．

**ヒント**：落下運動している鎖の部分の質量と運動量を求め，それを運動方程式 (5.6) に代入すればよい．また，鎖を構成する部品が互いに引き合う力は内力なので運動方程式には現れない．

(2)　微分の記号を $\frac{d}{dt} = \frac{ds}{dt}\frac{d}{ds} = v\frac{d}{ds}$ と書き直すことにより，小問 (1) で求めた運動方程式を変数分離が可能な形に書き換えよ．

**ヒント**：$\frac{d}{d(sv)}(sv)^2 = 2sv \Longrightarrow d(sv)^2 = 2(sv)d(sv)$ の関係を使う．

(3)　小問 (2) で求めた運動方程式を積分し，鎖の速度 $v$ を長さ $s$ の関数として求めよ．初期条件は $s = 0$ のとき，$v = 0$ である．

(4)　鎖の落下運動している部分の長さが $s$ のとき，鎖が失った位置エネルギーを求めよ．

(5)　この系は力学的エネルギーが保存しているかどうかを考察せよ．

# 第6章 角運動量

角運動量は位置ベクトルと運動量のベクトル積で与えられる．この角運動量は，系に力のモーメント（トルク）がはたらかないとき保存量となる．物体の回転運動や剛体の運動を記述するときに，角運動量はとても有用な道具となる．

## 6.1 ベクトル積（外積）

2つのベクトル $\boldsymbol{a} = (a_x, a_y, a_z)$ と $\boldsymbol{b} = (b_x, b_y, b_z)$ の**ベクトル積**（あるいは**外積**）$\boldsymbol{a} \times \boldsymbol{b}$ は

$$\boldsymbol{a} \times \boldsymbol{b} = (a_y b_z - a_z b_y,\ a_z b_x - a_x b_z,\ a_x b_y - a_y b_x)$$

で定義されるベクトル量である．ベクトル積の各成分には規則性があり，例えば $x$ 成分については，まず $ab - ab$ と書いた後，$y \to z \to z \to y$ の順に添え字を書き加えればよい．$y$ 成分については，$z \to x \to x \to z$，$z$ 成分については，$x \to y \to y \to x$ という具合にである．慣れないうちは

$$\begin{aligned}
\boldsymbol{a} \times \boldsymbol{b} &= \begin{vmatrix} \widehat{\boldsymbol{x}} & \widehat{\boldsymbol{y}} & \widehat{\boldsymbol{z}} \\ a_x & a_y & a_z \\ b_x & b_y & b_z \end{vmatrix} \\
&= \begin{vmatrix} a_y & a_z \\ b_y & b_z \end{vmatrix} \widehat{\boldsymbol{x}} - \begin{vmatrix} a_x & a_z \\ b_x & b_z \end{vmatrix} \widehat{\boldsymbol{y}} + \begin{vmatrix} a_x & a_y \\ b_x & b_y \end{vmatrix} \widehat{\boldsymbol{z}}
\end{aligned}$$

のように，**行列式の展開公式**を利用するとよいかもしれない．ここで $\widehat{\boldsymbol{x}}$, $\widehat{\boldsymbol{y}}$, $\widehat{\boldsymbol{z}}$ はそれぞれ $x, y, z$ 軸の正の向きの**単位ベクトル**

$$\widehat{\boldsymbol{x}} = (1, 0, 0), \quad \widehat{\boldsymbol{y}} = (0, 1, 0), \quad \widehat{\boldsymbol{z}} = (0, 0, 1)$$

である．

**導入 例題 6.1**

次のベクトル積を求めよ．

(1) $\widehat{\boldsymbol{x}} \times \widehat{\boldsymbol{y}}$, (2) $\widehat{\boldsymbol{y}} \times \widehat{\boldsymbol{z}}$, (3) $\widehat{\boldsymbol{z}} \times \widehat{\boldsymbol{x}}$.

**【解答】** (1) 行列式を使うと

$$\widehat{\boldsymbol{x}} \times \widehat{\boldsymbol{y}} = \begin{vmatrix} \widehat{\boldsymbol{x}} & \widehat{\boldsymbol{y}} & \widehat{\boldsymbol{z}} \\ 1 & 0 & 0 \\ 0 & 1 & 0 \end{vmatrix} = \begin{vmatrix} 0 & 0 \\ 1 & 0 \end{vmatrix} \widehat{\boldsymbol{x}} - \begin{vmatrix} 1 & 0 \\ 0 & 0 \end{vmatrix} \widehat{\boldsymbol{y}} + \begin{vmatrix} 1 & 0 \\ 0 & 1 \end{vmatrix} \widehat{\boldsymbol{z}}$$
$$= \widehat{\boldsymbol{z}}.$$

同様に (2) $\widehat{\boldsymbol{y}} \times \widehat{\boldsymbol{z}} = \widehat{\boldsymbol{x}}$, (3) $\widehat{\boldsymbol{z}} \times \widehat{\boldsymbol{x}} = \widehat{\boldsymbol{y}}$. ■

関係式 $\widehat{\boldsymbol{x}} \times \widehat{\boldsymbol{y}} = \widehat{\boldsymbol{z}}$ に注目して，ベクトルの向きについて考察してみよう．ベクトル積 $\widehat{\boldsymbol{x}} \times \widehat{\boldsymbol{y}}$ の答えである $\widehat{\boldsymbol{z}}$ は，ベクトル **$\widehat{x}$ を $\widehat{y}$ に向かって（角度の狭い方に）回転させたときに右ねじが進む向き**を向いている．残りの 2 つの関係式 $\widehat{\boldsymbol{y}} \times \widehat{\boldsymbol{z}} = \widehat{\boldsymbol{x}}$, $\widehat{\boldsymbol{z}} \times \widehat{\boldsymbol{x}} = \widehat{\boldsymbol{y}}$ も同様である．後で見るように，この規則は任意の 2 つのベクトルのベクトル積に対しても成り立っている．または，右手の親指に $\widehat{\boldsymbol{x}}$ を，人差し指に $\widehat{\boldsymbol{y}}$，中指に $\widehat{\boldsymbol{z}}$ をそれぞれ割り当て，それら 3 本の指をそれぞれ直交するように指差したときの指の配置が，導入例題 6.1 で与えられた 3 つのベクトル積の位置関係を表すと考えることもできる．$\widehat{\boldsymbol{x}}$, $\widehat{\boldsymbol{y}}$, $\widehat{\boldsymbol{z}}$ をそれぞれ $x, y, z$ 軸の正の向きとする（直交）座標系を**右手系**とよんでいる．（同様に左手系座標も定義できるが，自然科学では右手系を使用するのが標準とされている．）

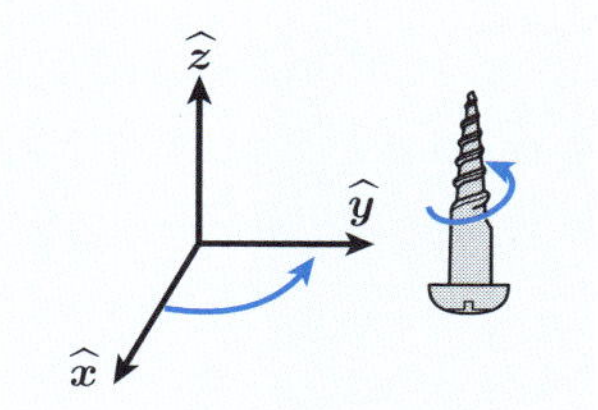


今後，よく利用することになる，**ベクトル積の代数規則**をいくつか見ておこう．

$$\boldsymbol{a} \times (\boldsymbol{b} + \boldsymbol{c}) = \boldsymbol{a} \times \boldsymbol{b} + \boldsymbol{a} \times \boldsymbol{c}, \tag{6.1}$$

$$\boldsymbol{a} \times \boldsymbol{a} = 0, \tag{6.2}$$

$$\boldsymbol{a} \times \boldsymbol{b} = -\boldsymbol{b} \times \boldsymbol{a}. \tag{6.3}$$

**導入 例題 6.2**

3つのベクトル

$$\boldsymbol{a} = (a_x, a_y, a_z), \quad \boldsymbol{b} = (b_x, b_y, b_z), \quad \boldsymbol{c} = (c_x, c_y, c_z)$$

を使って，代数規則 (6.1)，(6.2) および (6.3) を，以下の手順に従って確認せよ．

(1) $\boldsymbol{a} \times \boldsymbol{b}$ の $x$ 成分を書き下せ．

(2) $\boldsymbol{a} \times \boldsymbol{c}$ の $x$ 成分を書き下せ．

(3) $\boldsymbol{a} \times \boldsymbol{b} + \boldsymbol{a} \times \boldsymbol{c}$ の $x$ 成分が $\boldsymbol{a} \times (\boldsymbol{b} + \boldsymbol{c})$ の $x$ 成分に等しいことを示せ．

(4) $\boldsymbol{a} \times \boldsymbol{a}$ の $x$ 成分が零であることを確認せよ．

(5) $\boldsymbol{a} \times \boldsymbol{b}$ の $x$ 成分が $\boldsymbol{b} \times \boldsymbol{a}$ の $x$ 成分の符号を反転させたものに等しいことを示せ．

**【解答】** (1) $\boldsymbol{a} \times \boldsymbol{b}$ の $x$ 成分は $a_y b_z - a_z b_y$.

(2) $\boldsymbol{a} \times \boldsymbol{c}$ の $x$ 成分は $a_y c_z - a_z c_y$.

(3) $\boldsymbol{a} \times \boldsymbol{b} + \boldsymbol{a} \times \boldsymbol{c}$ の $x$ 成分は

$$a_y b_z - a_z b_y + a_y c_z - a_z c_y = a_y(b_z + c_z) - a_z(b_y + c_y).$$

右辺は $\boldsymbol{a} \times (\boldsymbol{b} + \boldsymbol{c})$ の $x$ 成分に他ならない．(6.1) 式が成り立つことを証明するには，$y$, $z$ 成分についても同様の計算を行えばよい．

(4) 小問 (1) の答えで，$\boldsymbol{b}$ を $\boldsymbol{a}$ に置き換えると，$\boldsymbol{a} \times \boldsymbol{a}$ の $x$ 成分が $a_y a_z - a_z a_y = 0$ と求まる．(6.2) 式が成り立つことを証明するには，$y$, $z$ 成分についても同様の計算を行えばよい．

(5) $\boldsymbol{a} \times \boldsymbol{b}$ の $x$ 成分は $a_y b_z - a_z b_y = -(b_y a_z - b_z a_y)$. $b_y a_z - b_z a_y$ は $\boldsymbol{b} \times \boldsymbol{a}$ の $x$ 成分に他ならない．(6.3) 式が成り立つことを証明するには，$y$, $z$ 成分についても同様の計算を行えばよい． ■

ベクトル $\boldsymbol{a}$, $\boldsymbol{b}$ が時刻 $t$ の関数 $\boldsymbol{a}(t)$, $\boldsymbol{b}(t)$ であるときに成り立つ演算規則

$$\frac{d}{dt}(\boldsymbol{a} \times \boldsymbol{b}) = \frac{d\boldsymbol{a}}{dt} \times \boldsymbol{b} + \boldsymbol{a} \times \frac{d\boldsymbol{b}}{dt} \tag{6.4}$$

もよく利用される．

**導入 例題 6.3**

関係式 (6.4) を証明せよ．

**ヒント**：時刻 $t+\varDelta t$ において（$\varDelta t$ は微小量），$\boldsymbol{a}(t+\varDelta t)$ は

$$\boldsymbol{a}(t+\varDelta t) \simeq \boldsymbol{a}(t) + \frac{d\boldsymbol{a}}{dt}\varDelta t$$

と近似できることを用い

$$\frac{d}{dt}(\boldsymbol{a}\times\boldsymbol{b}) = \lim_{\varDelta t\to 0}\frac{\boldsymbol{a}(t+\varDelta t)\times\boldsymbol{b}(t+\varDelta t) - \boldsymbol{a}(t)\times\boldsymbol{b}(t)}{\varDelta t} \tag{6.5}$$

を計算せよ．

**【解答】　ベクトル積の分配則** (6.1) を用いると

$$\boldsymbol{a}(t+\varDelta t)\times\boldsymbol{b}(t+\varDelta t) \simeq \left(\boldsymbol{a}(t) + \frac{d\boldsymbol{a}}{dt}\varDelta t\right)\times\left(\boldsymbol{b}(t) + \frac{d\boldsymbol{b}}{dt}\varDelta t\right)$$

$$= \boldsymbol{a}(t)\times\boldsymbol{b}(t) + \left(\frac{d\boldsymbol{a}}{dt}\times\boldsymbol{b}(t) + \boldsymbol{a}(t)\times\frac{d\boldsymbol{b}}{dt}\right)\varDelta t + \left(\frac{d\boldsymbol{a}}{dt}\times\frac{d\boldsymbol{b}}{dt}\right)\varDelta t^2.$$

この式を (6.5) 式に代入すると，関係式 (6.4) が得られる．■

最後に**ベクトル積を幾何学的に考察してみよう**．任意の 2 つのベクトル $\boldsymbol{a}$ と $\boldsymbol{b}$ を考える．一般に，ベクトルは平行移動させても同じものとみなす．そこでベクトル $\boldsymbol{a}$ と $\boldsymbol{b}$ を平行移動させて，両者の始点を一致させる．すると $\boldsymbol{a}$ と $\boldsymbol{b}$ は，この共通の始点と $\boldsymbol{a}$ と $\boldsymbol{b}$ の 2 つの終点を含む 1 つの 2 次元平面上にあることになる．今この平面が $x$–$y$ 平面になるように座標系 $(x,y,z)$ を定めることにする．その際に，$\boldsymbol{a}$ と $\boldsymbol{b}$ の共通の始点を原点とし，$\boldsymbol{a}$ の向きに $x$ 軸の正の向きを定めることにする．$|\boldsymbol{a}|=a$ ならば，$\boldsymbol{a}$ の座標表示は $\boldsymbol{a}=(a,0,0)$ となる．また，$|\boldsymbol{b}|=b$ であり，$\boldsymbol{a}$ と $\boldsymbol{b}$ のなす角が $\theta$ とすると，$\boldsymbol{b}=(b\cos\theta, b\sin\theta, 0)$ となる．

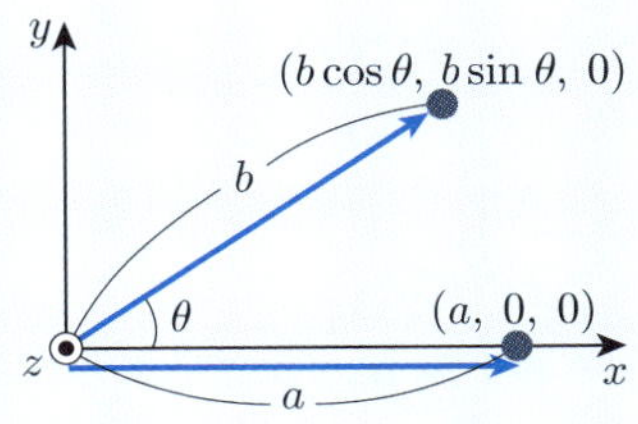

**確認 例題 6.1**

上記のベクトル $\boldsymbol{a}, \boldsymbol{b}$ に対して，以下が成り立つことを証明せよ．

(1) $|\boldsymbol{a} \times \boldsymbol{b}| = ab|\sin\theta|$.

(2) $\boldsymbol{a} \times \boldsymbol{a} = 0$ かつ $\boldsymbol{a} \times (-\boldsymbol{a}) = 0$.

(3) $(\boldsymbol{a} \times \boldsymbol{b}) \cdot \boldsymbol{a} = 0$ かつ $(\boldsymbol{a} \times \boldsymbol{b}) \cdot \boldsymbol{b} = 0$.

**【解答】** (1) ベクトル積の定義により

$$\boldsymbol{a} \times \boldsymbol{b} = (0, 0, ab\sin\theta). \tag{6.6}$$

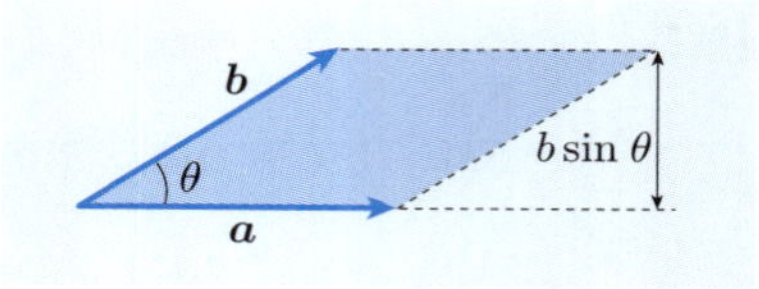


よって $|\boldsymbol{a}\times\boldsymbol{b}| = \sqrt{0^2 + 0^2 + (ab\sin\theta)^2} = ab|\sin\theta|$. これはベクトル積 $\boldsymbol{a} \times \boldsymbol{b}$ の大きさが，$\boldsymbol{a}$ と $\boldsymbol{b}$ が作る平行四辺形の面積に等しいことを意味している（図）.

(2) $b = a$ かつ $\theta = 0$ とすると，$\boldsymbol{b}$ が $\boldsymbol{a}$ に一致する．このとき (6.6) 式より $\boldsymbol{a} \times \boldsymbol{a} = (0, 0, a^2 \sin 0) = 0$ となる．また $b = a$ かつ $\theta = \pi$ とすると，$\boldsymbol{b}$ が $-\boldsymbol{a}$ に一致する．このとき (6.6) 式より $\boldsymbol{a} \times (-\boldsymbol{a}) = (0, 0, a^2 \sin\pi) = 0$ となる．**平行なベクトル同士のベクトル積は零である．**

(3) (6.6) 式を利用すると $(\boldsymbol{a} \times \boldsymbol{b}) \cdot \boldsymbol{a} = 0 \cdot a + 0 \cdot 0 + ab\sin\theta \cdot 0 = 0$. 同様に $(\boldsymbol{a} \times \boldsymbol{b}) \cdot \boldsymbol{b} = 0 \cdot b\cos\theta + 0 \cdot b\sin\theta + ab\sin\theta \cdot 0 = 0$. **ベクトル $\boldsymbol{a} \times \boldsymbol{b}$ は，$\boldsymbol{a}$ と $\boldsymbol{b}$ を含む平面と直交する．** ■

### ベクトル積のまとめ

- 2つのベクトル $\boldsymbol{a}$ と $\boldsymbol{b}$ のベクトル積 $\boldsymbol{a} \times \boldsymbol{b}$ は，大きさが2つのベクトルが作る平行四辺形の面積に等しく，2つのベクトルを含む平面に直交するベクトルである
- ベクトル $\boldsymbol{a} \times \boldsymbol{b}$ は，$\boldsymbol{a}$ と $\boldsymbol{b}$ の始点を一致させた後，$\boldsymbol{a}$ を $\boldsymbol{b}$ に向かって角度の狭い方に回転させたときに，右ねじが進む向きを向く
- 2つの平行なベクトルのベクトル積は零である

## 6.2 角運動量

座標系の原点を定め，質点の位置ベクトルを $\boldsymbol{r}$ とする．この質点が運動量 $\boldsymbol{p}$ をもつとき，**角運動量** $\boldsymbol{l}$ は

$$\boldsymbol{l} = \boldsymbol{r} \times \boldsymbol{p} \tag{6.7}$$

で定義されるベクトルである．また，この質点に力 $\boldsymbol{F}$ がはたらいているとき，**力のモーメント**[♠1] $\boldsymbol{N}$ をベクトル

$$\boldsymbol{N} = \boldsymbol{r} \times \boldsymbol{F} \tag{6.8}$$

で定義する．$\boldsymbol{N} = 0$ のとき，角運動量は保存されることをみてみよう．以下，質点の質量は $m$ で一定であるとする．

**導入 例題 6.4**

(6.7) 式の両辺を時間 $t$ で微分することにより，力のモーメント $\boldsymbol{N}$ が零ならば，角運動量 $\boldsymbol{l}$ が保存されることを示せ．

**【解答】**　(6.7) 式の両辺を，時間 $t$ で微分すると

$$\frac{d\boldsymbol{l}}{dt} = \frac{d}{dt}(\boldsymbol{r} \times \boldsymbol{p}) = \frac{d}{dt}(\boldsymbol{r} \times m\boldsymbol{v}) = \dot{\boldsymbol{r}} \times m\boldsymbol{v} + \boldsymbol{r} \times m\dot{\boldsymbol{v}}. \tag{6.9}$$

ここで $\boldsymbol{v}$ は質点の速度を表す．$\dot{\boldsymbol{r}} = \boldsymbol{v}$ なので (6.2) 式より，(6.9) 式の右辺第 1 項は

$$\dot{\boldsymbol{r}} \times m\boldsymbol{v} = \boldsymbol{v} \times m\boldsymbol{v} = m(\boldsymbol{v} \times \boldsymbol{v}) = 0.$$

また，運動方程式より $\dot{\boldsymbol{p}} = m\dot{\boldsymbol{v}} = \boldsymbol{F}$ なので，(6.9) 式の右辺第 2 項は

$$\boldsymbol{r} \times m\dot{\boldsymbol{v}} = \boldsymbol{r} \times \boldsymbol{F} = \boldsymbol{N}.$$

結局，(6.9) 式から

$$\frac{d\boldsymbol{l}}{dt} = \boldsymbol{N} \tag{6.10}$$

を得る．この式は，$\boldsymbol{N} = 0$ ならば，$\frac{d\boldsymbol{l}}{dt} = 0$，すなわち角運動量 $\boldsymbol{l} =$ 一定 であることを示している． ■

---

♠1　力のモーメントを**トルク**ともいう．

まずは単純な運動を，角運動量の観点から見てみよう．

**確認 例題 6.2**

水平方向右向きを $x$ 軸の正の向き，鉛直上向きを $y$ 軸の正の向きとする $x$–$y$ 平面上を，質量 $m$ の自由粒子（力を受けない質点）が，速さ $v$ で $x$ 軸に平行に等速直線運動をしている．原点 O に静止している観測者は，この自由粒子が，時刻 $t=0$ に $y=b\ (>0)$ を右から左に通過するのを確認した．

(1)　$t=0$ に粒子は $y$ 軸を通過する．この瞬間の位置ベクトル $\boldsymbol{r}$ と速度ベクトル $\boldsymbol{v}$ を図示し，粒子の角運動量の大きさと向きを幾何学的に求めよ．

(2)　粒子は力を受けないので，力のモーメントは零であり，角運動量は保存する．任意の時刻における粒子の位置ベクトル $\boldsymbol{r}$ と速度ベクトル $\boldsymbol{v}$ を3次元ベクトルとして，成分表示せよ．次に求めた $\boldsymbol{r}$ と $\boldsymbol{v}$ のベクトル積を計算し，結果が小問 (1) の答えと一致することを確認せよ．

**【解答】**　(1)　図に示すように，質点が原点に最接近する瞬間，$\boldsymbol{r}$ は大きさが $b$ で，$y$ 軸の正の向きを向くベクトルである．また，$\boldsymbol{v}$ は大きさが $v$ で，$x$ 軸の負の向きを向くベクトルである．$\boldsymbol{r}$ と $\boldsymbol{v}$ は直交するので，粒子の角運動量の大きさ $l$ は

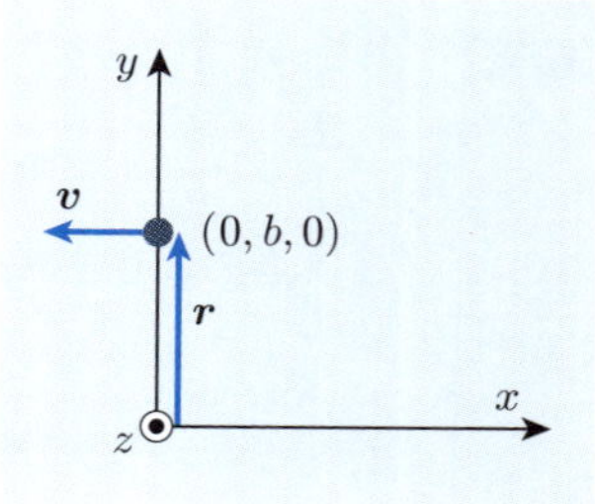


$$l=|\boldsymbol{r}\times m\boldsymbol{v}|=\big|b\times m\times(-v)\big|=bmv$$

と求まる．また，$\boldsymbol{r}$ と $\boldsymbol{v}$ の始点を一致させた後，$\boldsymbol{r}$ を反時計回りに回転させると，角度の小さい方を通って $\boldsymbol{v}$ の向きに一致させることができるので，$\boldsymbol{r}\times\boldsymbol{v}$ の向きは，紙面を下から上に向かう向き，すなわち $z$ 軸の正の向きである．よって，角運動量 $\boldsymbol{l}=\boldsymbol{r}\times m\boldsymbol{v}$ は大きさが $bmv$ で，$z$ 軸の正の向きをもつことが結論される．

(2)　質点は速さ $v$ で，$x$ 軸と平行に，$x$ 軸の負の向きに等速直線運動を行っているので，速度ベクトルは $\boldsymbol{v}=(-v,0,0)$ となる．また初期位置は $\boldsymbol{r}=(0,b,0)$ なので，時刻 $t$ における位置ベクトルは $\boldsymbol{r}(t)=(-vt,b,0)$ と表すことができる．以上より

$$l = \boldsymbol{r}(t) \times m\boldsymbol{v} = (0, 0, bmv)$$

と求まる．角運動量は大きさが $bmv$ で，$z$ 軸の正の向きを向くベクトルであり，時間 $t$ に依存しない．以上より，小問 (1) の答えと一致することが確認できた．

■

次に円運動を見てみよう．まずは，等速円運動について調べた第 3 章の確認例題 3.5 および導入例題 3.6 で得られた結論を思い出そう．質量 $m$ の質点が，半径 $r$ の円軌道を速さ $v$ で等速円運動しているとき，

- 円運動の中心を原点 O としたとき，質点の位置ベクトル $\boldsymbol{r}$ は速度ベクトル $\boldsymbol{v}$ と直交し，加速度ベクトル $\boldsymbol{a}$ と $\boldsymbol{a} = -\omega^2\boldsymbol{r}$ の関係をもつ（$\omega$ は角速度）．すなわち，$\boldsymbol{r}$ と $\boldsymbol{a}$ は平行だが，向きは逆である．
- 円運動を維持するためには，質点から円運動の中心に向かう向心力 $\boldsymbol{F} = m\boldsymbol{a} = -m\omega^2\boldsymbol{r}$ が必要になる．向心力の大きさは，$v = r\omega$ の関係を使うと

$$F = |\boldsymbol{F}| = m\omega^2 r = \frac{mv^2}{r}.$$

始めに，半径 $r$ が固定された円軌道上の運動を考えてみよう．

**確認 例題 6.3**

質量 $m$ の質点が，半径 $r$ の円軌道上を運動している（$r$ = 一定）．円軌道は $x$–$y$ 平面上にあり，円軌道の中心が原点 O に一致しているとして，以下の問いに答えよ．

(1) 質点が，以下の等速円運動

$$x = r\cos\omega t, \quad y = r\sin\omega t.$$

を行うとき，質点の角運動量を求めよ．角速度 $\omega$ は定数である．

(2) 角速度が一定でない場合にも，質点の軌道を

$$x = r\cos\theta, \quad y = r\sin\theta$$

と書くことができる．ただし，角度 $\theta$ は時間 $t$ の関数 $\theta(t)$ である．このときの，質点の角運動量を求めよ．また，角運動量の大きさ $l = |\boldsymbol{l}|$ を，速度の大きさ $v = |\boldsymbol{v}|$ を使って表せ．

**【解答】** (1)　軌道面に垂直な $z$ 座標も含めて質点の位置ベクトルを $\boldsymbol{r}(t) = (r\cos\omega t, r\sin\omega t, 0)$ と書くことにすると，速度ベクトルは $\boldsymbol{v}(t) = (-r\omega\sin\omega t, r\omega\cos\omega t, 0)$ で与えられる．よって，角運動量ベクトルは

$$\begin{aligned}\boldsymbol{l} &= \boldsymbol{r}\times m\boldsymbol{v}\\ &= (0, 0, mr^2\omega)\end{aligned}$$

と計算される．角運動量ベクトルは $z$ 成分のみをもち，その値 $mr^2\omega$ は定数である．すなわち，等速円運動の角運動量は保存量である．向心力は $\boldsymbol{F} = -m\omega^2\boldsymbol{r}$ なので

$$\begin{aligned}\boldsymbol{N} &= \boldsymbol{r}\times\boldsymbol{F} = -m\omega^2(\boldsymbol{r}\times\boldsymbol{r})\\ &= 0\end{aligned}$$

であり，力のモーメントは零であることが確認できる．

(2)　質点の速度ベクトルは $\boldsymbol{v} = (-r\dot{\theta}\sin\theta, r\dot{\theta}\cos\theta, 0)$ なので

$$\begin{aligned}\boldsymbol{l} &= \boldsymbol{r}\times m\boldsymbol{v}\\ &= (0, 0, mr^2\dot{\theta})\end{aligned}$$

と求まる．速度の 2 乗は $v^2 = |\boldsymbol{v}|^2 = r^2\dot{\theta}^2\sin^2\theta + r^2\dot{\theta}^2\cos^2\theta = r^2\dot{\theta}^2$ であるので，角運動量の大きさは

$$\begin{aligned}l &= \sqrt{m^2r^4\dot{\theta}^2} = \sqrt{m^2r^4\,\frac{v^2}{r^2}}\\ &= mrv\end{aligned}$$

で与えられる．■

確認例題 6.3 の小問 (2) は，半径が一定で，$x$–$y$ 面内の円軌道上を運動する質点の角運動量ベクトルは一般に $z$ 成分のみをもつことを意味している．このような場合は，角運動量の運動方程式 (6.10) 式より

$$\frac{dl_z}{dt} = N_z \tag{6.11}$$

のように，角運動量の $z$ 成分と，力のモーメントの $z$ 成分のみを考えればよいことになる．

**次に，円運動の半径が変化する場合を考えてみよう．**

**基本 例題 6.1**

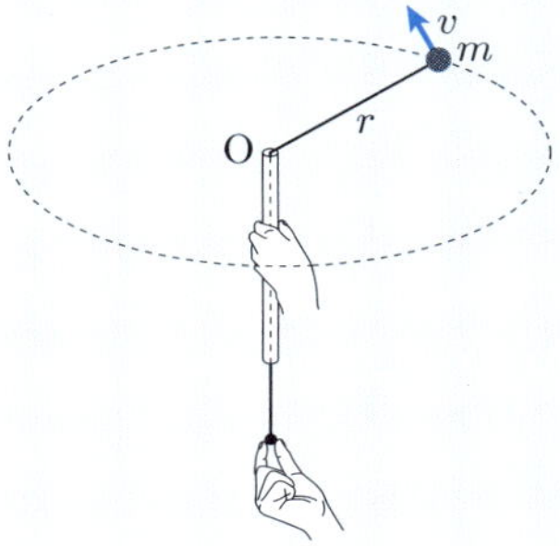


図のように，ストロー状の筒から糸を出し，その先にとり付けた質量 $m$ のおもりを等速で回転させる．円運動の半径は，糸の長さを調節することで変化させることができる．円運動の中心を原点 O とし，糸と筒の接触部分の摩擦は無視できるものとする．

(1) おもりが半径 $r_{始}$，速さ $v_{始}$ で等速円運動をしているときの，角運動量の大きさ $l$ を求めよ．

(2) 糸をゆっくりと引き，等速円運動の半径を $r_{終}$（$< r_{始}$）に変化させた．このときの円運動の速さ $v_{終}$ を求めよ．

**ヒント**：向心力の役目を果たす糸の張力 $\boldsymbol{T}$ とおもりの位置ベクトル $\boldsymbol{r}$ は平行である．力のモーメント $\boldsymbol{N}$（$= \boldsymbol{r} \times \boldsymbol{T}$）は，糸の長さが変化している間も零であり，角運動量は保存されている．

(3) 糸の長さが $r_{始}$ から $r_{終}$ に変化する間の，回転に伴う運動エネルギーの変化 $\Delta K$ を $m, r_{始}, r_{終}, v_{始}$ で表せ．

(4) 糸を引くと，おもりは張力ベクトル $\boldsymbol{T}$ の向きに移動する．つまり，張力はおもりに対して仕事をしている．半径が $r_{始}$ から $r_{終}$ に変化する間に，張力がおもりにした仕事 $W$ を，$m, r_{始}, r_{終}, v_{始}$ で表し，これが小問 (3) で求めた運動エネルギーの変化 $\Delta K$ に等しいことを示せ．

**【解答】** (1) おもりの位置ベクトル $\boldsymbol{r}$ と速度ベクトル $\boldsymbol{v}$ は，常に直交しているので，$|\boldsymbol{r} \times \boldsymbol{v}| = |\boldsymbol{r}||\boldsymbol{v}|$．$|\boldsymbol{r}| = r_{始}$ および $|\boldsymbol{v}| = v_{始}$ より

$$l = |\boldsymbol{l}| = mr_{始}v_{始}$$

と求まる．

(2) 角運動量は変化しないので，円運動の半径が $r$，速さが $v$ になったときも

$$mrv = mr_{始}v_{始} \tag{6.12}$$

が成り立っている．この関係式より，半径が $r_{終}$ になったときのおもりの速さ

は $v_{終} = \frac{r_{始}}{r_{終}} v_{始}$ と求まる．

(3) 運動エネルギーの変化は

$$\Delta K = \frac{1}{2} m v_{終}^2 - \frac{1}{2} m v_{始}^2 = \frac{1}{2} m \left( \frac{r_{始}}{r_{終}} v_{始} \right)^2 - \frac{1}{2} m v_{始}^2$$
$$= \frac{1}{2} m \left\{ \left( \frac{r_{始}}{r_{終}} \right)^2 - 1 \right\} v_{始}^2.$$

$r_{終} < r_{始}$ より，$\Delta K > 0$，すなわち回転に伴う運動エネルギーは増加している．

(4) $\widehat{\boldsymbol{r}} = \frac{\boldsymbol{r}}{r}$ とすると，半径を $dr$ だけ変化させたときの変位ベクトルは $d\boldsymbol{r} = dr\,\widehat{\boldsymbol{r}}$ と書ける．また，半径が $r$，速さが $v$ のときの張力ベクトルは $\boldsymbol{T} = -\frac{mv^2}{r}\widehat{\boldsymbol{r}}$ である．(6.12) 式を使って $v$ を消去すると

$$\boldsymbol{T} = -\frac{mv^2}{r}\widehat{\boldsymbol{r}} = -\frac{m}{r}\left(\frac{r_{始}}{r} v_{始}\right)^2 \widehat{\boldsymbol{r}} = -m r_{始}^2 v_{始}^2 \frac{\widehat{\boldsymbol{r}}}{r^3}.$$

以上より，求める仕事は

$$W = \int_{r_{始}}^{r_{終}} \boldsymbol{T} \cdot d\boldsymbol{r} = -m r_{始}^2 v_{始}^2 \int_{r_{始}}^{r_{終}} \frac{|\widehat{\boldsymbol{r}}|^2}{r^3}\, dr$$
$$= -m r_{始}^2 v_{始}^2 \left\{ -\frac{1}{2}\left( \frac{1}{r_{終}^2} - \frac{1}{r_{始}^2} \right) \right\} = \frac{1}{2} m \left\{ \left( \frac{r_{始}}{r_{終}} \right)^2 - 1 \right\} v_{始}^2$$

と計算される．この値は小問 (3) で求めた運動エネルギーの変化 $\Delta K$ に等しい．■

最後に，角運動量の時間発展を記述する方程式 (6.10) を利用してみよう．

## 基本 例題 6.2

確認例題 4.6 で扱った単振り子の問題を，角運動量の観点からもう一度考えてみよう．

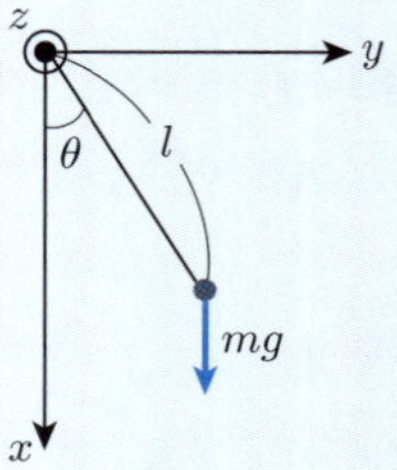


(1) 糸と $x$ 軸のなす角度が $\theta$ のときのおもりの位置ベクトル $\boldsymbol{r}$ を，糸の長さ $l$ と角度 $\theta$ を使って成分表示せよ．ただし，今回は角運動量を考えるので，$z$ 軸を追加して答えよ．紙面の裏から表へ向かう向きが，$z$ 軸の正の向きである．

(2) 小問 (1) の答えを時間 $t$ で微分して，速度ベクトル $\boldsymbol{v}$ を求めよ．

(3) おもりにはたらく重力 $\boldsymbol{F}$ を成分表示せよ．

(4) 糸と $x$ 軸のなす角度が $\theta$ のときの角運動量ベクトル $\boldsymbol{l}$ を求めよ.

(5) 糸と $x$ 軸のなす角度が $\theta$ のときの力のモーメント $\boldsymbol{N}$ を求めよ.

(6) 小問 (4), (5) の答えを (6.10) 式に代入することにより，単振り子の運動方程式を求めよ.

**【解答】** (1) $z$ 成分まで含めて表すと，おもりの位置ベクトルは $\boldsymbol{r} = (l\cos\theta, l\sin\theta, 0)$ となる.

(2) $l =$ 一定 であり，時間に依存するのは $\theta$ だけなので $\boldsymbol{v} = \dot{\boldsymbol{r}} = (-l\dot{\theta}\sin\theta, l\dot{\theta}\cos\theta, 0)$.

(3) おもりにはたらく重力は $\boldsymbol{F} = (mg, 0, 0)$ と表せる.

(4) 小問 (1), (2) の答えを使うと

$$\boldsymbol{l} = \boldsymbol{r} \times m\boldsymbol{v} = (0, 0, ml^2\dot{\theta}).$$

(5) 小問 (1), (3) の答えを使うと

$$\boldsymbol{N} = \boldsymbol{r} \times \boldsymbol{F} = (0, 0, -mgl\sin\theta).$$

(糸の張力も存在しているが，張力は位置ベクトル $\boldsymbol{r}$ と平行であるため，力のモーメントには寄与しない.)

(6) 小問 (4), (5) の答えを (6.10) 式に代入し，$z$ 成分を比較することにより

$$\frac{d\boldsymbol{l}}{dt} = (0, 0, ml^2\ddot{\theta}) = \boldsymbol{N} = (0, 0, -mgl\sin\theta)$$

$$\Longrightarrow \quad m\frac{d^2(l\theta)}{dt^2} = -mg\sin\theta.$$

振り子の運動方程式 (4.9) を再び得ることができた. ■

### 角運動量のまとめ

- 質点の位置ベクトルが $\boldsymbol{r}$, 運動量が $\boldsymbol{p}$ であるとき, 質点の角運動量は $\boldsymbol{l} = \boldsymbol{r} \times \boldsymbol{p}$ で定義されるベクトルである
- 質点にはたらく力が $\boldsymbol{F}$ のとき，力のモーメントは $\boldsymbol{N} = \boldsymbol{r} \times \boldsymbol{F}$ で定義されるベクトルである
- 角運動量は $\dot{\boldsymbol{l}} = \boldsymbol{N}$ に従って時間変化する
- $\boldsymbol{N} = 0$ ならば，角運動量 $\boldsymbol{l}$ は保存する

## 6.3 中心力

**中心力**とは

- 力の向きと平行な直線（力の作用線）が常にある固定点を通る
- 力の大きさが固定点からの距離のみに依存する

という性質をもつ力であり，この固定点を中心点とよぶ．

**導入 例題 6.5**

万有引力 (4.5) は中心力であることを確かめよ．

**【解答】** (4.5) 式は距離 $r$ を隔てて存在する2つの質点間にはたらく引力を表す．一方の質点の位置を原点 O とすると，他方の質点の位置ベクトルが $\boldsymbol{r}$ となる．力の作用線は $\boldsymbol{r}$ と平行であり，必ず原点 O を通る．また，万有引力定数と2つの質点の質量を除くと，力の大きさが依存するのは，2質点間の距離 $r$ のみである．以上より，万有引力の式 (4.5) は，中心力であるための2つの条件を満たしていることになる． ■

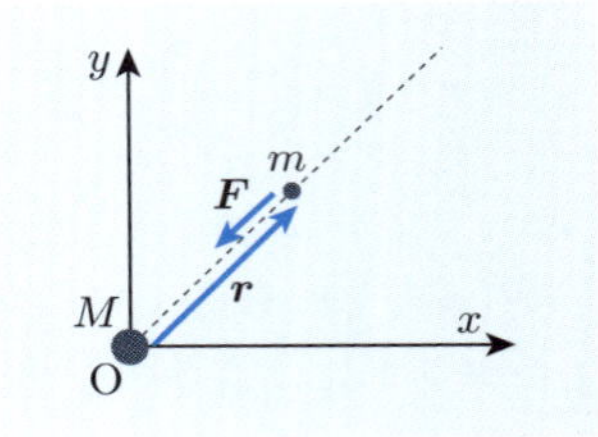


**中心力のみが質点系にはたらくとき，中心点の周りの角運動量は保存する**ことを確かめよう．まずは，2つの質点が引力的な中心力により，互いに引き合うとき，力のモーメントの総和は零になることを見てみよう．

**導入 例題 6.6**

2つの質点1と2が万有引力により互いに引き合っている．図のように質点1の位置ベクトルを $\boldsymbol{r}_1$，質点1が質点2から受ける引力を $\boldsymbol{F}_{2\to1}$，また，質点2の位置ベクトルを $\boldsymbol{r}_2$，質点2が質点1から受ける引力を $\boldsymbol{F}_{1\to2}$ とする．

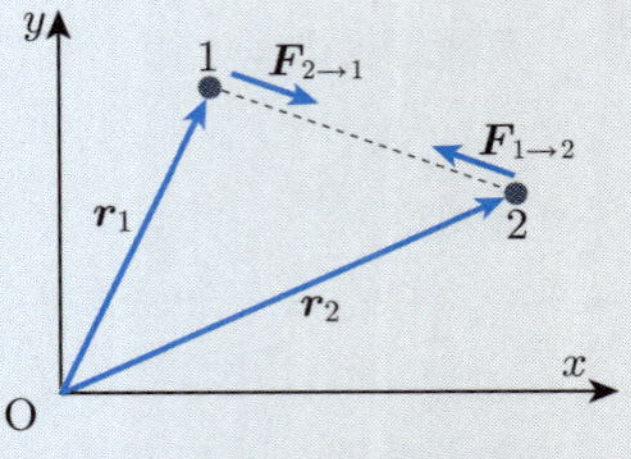


(1) 系の力のモーメントの総和 $\boldsymbol{N}$ を求めよ．力のモーメントの総和とは，

質点 1 にはたらく力のモーメントと質点 2 にはたらく力のモーメントの和のことである．

(2) 作用・反作用の法則より，$\boldsymbol{F}_{1\to 2} = -\boldsymbol{F}_{2\to 1}$ の関係が成り立つことを使って，小問 (1) で求めた力のモーメントの総和は零であることを確かめよ．

**【解答】** (1) 質点 1 にはたらく力のモーメントは $\boldsymbol{n}_1 = \boldsymbol{r}_1 \times \boldsymbol{F}_{2\to 1}$，質点 2 にはたらく力のモーメントは $\boldsymbol{n}_2 = \boldsymbol{r}_2 \times \boldsymbol{F}_{1\to 2}$ なので，系の力のモーメントの総和は

$$\boldsymbol{N} = \boldsymbol{n}_1 + \boldsymbol{n}_2 = \boldsymbol{r}_1 \times \boldsymbol{F}_{2\to 1} + \boldsymbol{r}_2 \times \boldsymbol{F}_{1\to 2}.$$

(2) $\boldsymbol{F}_{1\to 2} = -\boldsymbol{F}_{2\to 1}$ を，小問 (1) の答えに代入すると

$$\begin{aligned}\boldsymbol{N} &= \boldsymbol{r}_1 \times \boldsymbol{F}_{2\to 1} + \boldsymbol{r}_2 \times \boldsymbol{F}_{1\to 2} \\ &= \boldsymbol{r}_1 \times \boldsymbol{F}_{2\to 1} - \boldsymbol{r}_2 \times \boldsymbol{F}_{2\to 1} \\ &= (\boldsymbol{r}_1 - \boldsymbol{r}_2) \times \boldsymbol{F}_{2\to 1}.\end{aligned}$$

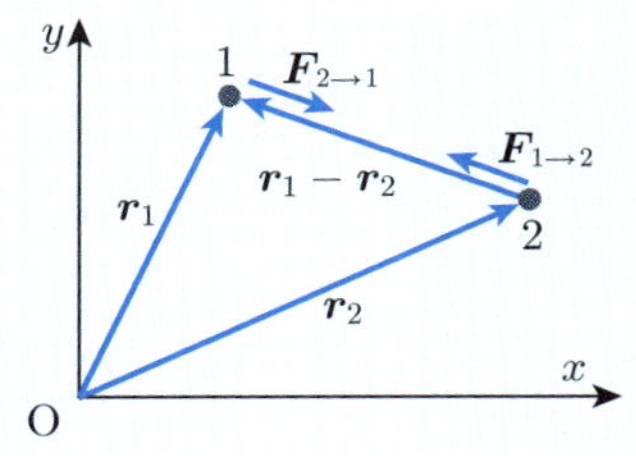


図に示したように，ベクトル $\boldsymbol{r}_1 - \boldsymbol{r}_2$ と $\boldsymbol{F}_{2\to 1}$ は平行なので，それらのベクトル積は零，すなわち力のモーメントの総和 $\boldsymbol{N}$ は零である． ■

2 つの質点を引き離すようにはたらく力を**斥力**という．中心力が斥力であっても，導入例題 6.6 の図で示された力の向きが逆になるだけなので，力のモーメントの総和は，引力の場合と同様に零になる．

質点 1 と質点 2 の角運動量をそれぞれ $\boldsymbol{l}_1$ と $\boldsymbol{l}_2$ とし，各々にはたらく力のモーメントを $\boldsymbol{n}_1, \boldsymbol{n}_2$ とすると，(6.10) 式より，$\frac{d\boldsymbol{l}_1}{dt} = \boldsymbol{n}_1$ および $\frac{d\boldsymbol{l}_2}{dt} = \boldsymbol{n}_2$ が成り立つ．両者の和をとると

$$\begin{aligned}&\frac{d\boldsymbol{l}_1}{dt} + \frac{d\boldsymbol{l}_2}{dt} = \frac{d}{dt}(\boldsymbol{l}_1 + \boldsymbol{l}_2) = \boldsymbol{n}_1 + \boldsymbol{n}_2 \\ \Longleftrightarrow\quad &\frac{d\boldsymbol{L}}{dt} = \boldsymbol{N}\end{aligned}$$

を得る．ここで $\boldsymbol{L} = \boldsymbol{l}_1 + \boldsymbol{l}_2$ は系の全角運動量を，$\boldsymbol{N} = \boldsymbol{n}_1 + \boldsymbol{n}_2$ は系の力の

モーメントの総和を表す．導入例題 6.6 の解答より，2 質点にはたらく力が中心力であれば $\boldsymbol{N}=0$ であるので，これは $\frac{d\boldsymbol{L}}{dt}=0$，すなわち**系の全角運動量が保存される**ことが結論される．

**中心力だけをおよぼし合っている $M$ 個の質点系**の場合ではどうだろう．

**確認 例題 6.4**

$M$ 個の質点が互いに中心力だけをおよぼし合いながら運動している．$i$ 番目の質点の角運動量を $\boldsymbol{l}_i$，位置ベクトルを $\boldsymbol{r}_i$ とする．また，$i$ 番目の質点が $j$ 番目の質点から受ける中心力を $\boldsymbol{F}_{j\to i}$ と書くことにする．

(1) $i$ 番目の質点が $j$ $(\neq i)$ 番目の質点から受ける力のモーメントの表式を求めよ．

(2) $i$ 番目の質点が受ける力のモーメントの総和 $\boldsymbol{n}_i$ の表式を求めよ．

(3) $i$ 番目の質点の角運動量の時間変化は，(6.10) 式より $\frac{d\boldsymbol{l}_i}{dt}=\boldsymbol{n}_i$ である．$i$ について和をとることにより，全角運動量 $\boldsymbol{L}=\sum_{i=1}^{M}\boldsymbol{l}_i$ が保存されることを示せ．

**【解答】** (1) 題意より，力のモーメントは $\boldsymbol{r}_i\times\boldsymbol{F}_{j\to i}$ となる．

(2) 自分自身からは内力を受けないので，質点 $i$ が受ける力のモーメントの総和は

$$\boldsymbol{n}_i=\sum_{j=1}^{M}(\boldsymbol{r}_i\times\boldsymbol{F}_{j\to i})-\boldsymbol{r}_i\times\boldsymbol{F}_{i\to i}=\sum_{j\neq i}(\boldsymbol{r}_i\times\boldsymbol{F}_{j\to i}).$$

(3) 小問 (2) の答えより，$\frac{d\boldsymbol{l}_i}{dt}=\boldsymbol{n}_i=\sum_{j\neq i}(\boldsymbol{r}_i\times\boldsymbol{F}_{j\to i})$．各質点に対して，力のモーメントの要素を書き下すと

$$\begin{aligned}
\frac{d\boldsymbol{l}_1}{dt}&=0 &&+\boldsymbol{r}_1\times\boldsymbol{F}_{2\to1} &&+\cdots+\boldsymbol{r}_1\times\boldsymbol{F}_{M\to1}\\
\frac{d\boldsymbol{l}_2}{dt}&=\boldsymbol{r}_2\times\boldsymbol{F}_{1\to2} &&+0 &&+\cdots+\boldsymbol{r}_2\times\boldsymbol{F}_{M\to2}\\
\frac{d\boldsymbol{l}_3}{dt}&=\boldsymbol{r}_3\times\boldsymbol{F}_{1\to3} &&+\boldsymbol{r}_3\times\boldsymbol{F}_{2\to3} &&+\cdots+\boldsymbol{r}_3\times\boldsymbol{F}_{M\to3}\\
\cdots&=\cdots\\
\frac{d\boldsymbol{l}_M}{dt}&=\boldsymbol{r}_M\times\boldsymbol{F}_{1\to M} &&+\boldsymbol{r}_M\times\boldsymbol{F}_{2\to M} &&+\cdots+0.
\end{aligned}$$

右辺と左辺のそれぞれについて和をとると

$$左辺の和 = \sum_{i=1}^{M} \frac{d\boldsymbol{l}_i}{dt} = \frac{d}{dt}\left(\sum_{i=1}^{M} \boldsymbol{l}_i\right) = \frac{d\boldsymbol{L}}{dt},$$

$$右辺の和 = \sum_{i>j} (\boldsymbol{r}_j \times \boldsymbol{F}_{i\to j} + \boldsymbol{r}_i \times \boldsymbol{F}_{j\to i}).$$

これに，作用・反作用の法則の関係式 $\boldsymbol{F}_{j\to i} = -\boldsymbol{F}_{i\to j}$ を代入すると

$$\frac{d\boldsymbol{L}}{dt} = \sum_{i>j} (\boldsymbol{r}_j - \boldsymbol{r}_i) \times \boldsymbol{F}_{i\to j}$$

が得られる．はたらく力は中心力だけなので，導入例題 6.6 の解答で述べたように，$(\boldsymbol{r}_j - \boldsymbol{r}_i) \times \boldsymbol{F}_{i\to j} = 0$ が成り立つ．よって，$\frac{d\boldsymbol{L}}{dt} = 0$ となり，**全角運動量 $\boldsymbol{L}$ が保存される**ことが示せた． ■

角運動量保存則を利用した問題を解いてみよう．

**基本 例題 6.3**

**宇宙探査機**は，惑星から受ける引力を利用して，進行方向を変えることができる（**スイングバイ航法**という）．質量 $m$ の探査機は，図のように惑星からの距離が $b$ の漸近線上を無限遠方から速さ $v_\infty$ で近づき，質量 $M$ の惑星の万有引力に引かれ，向きを変えた後，入射時と左右対称な漸近線に沿って無限遠方に遠ざかっていった．探査機が惑星に最も近づくときの，惑星と探査機の距離 $s$ と探査機の速度 $v_s$ を求めたい．惑星は探査機に比べて巨大である（$M \gg m$）ため，惑星は原点 O に静止した状態にあると考える．また，万有引力定数を $G$ とする．

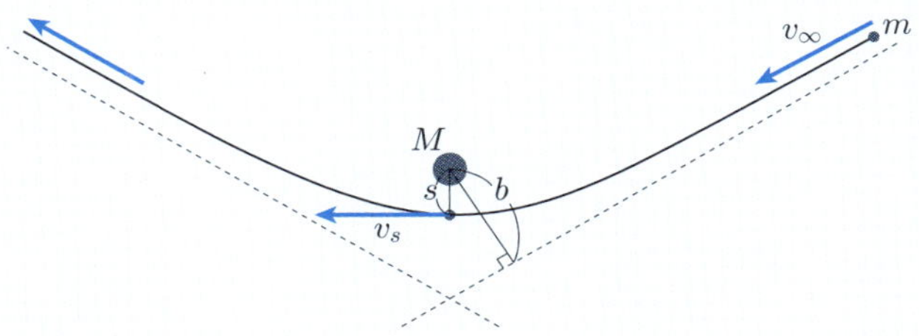

(1) 惑星と探査機からなる2質点系にはたらく力は，中心力である万有引力だけである．すなわち，探査機の角運動量は保存される．探査機が無限遠方を飛行しているときと，最接近時の角運動量をそれぞれ求め，$s$ と $v_s$ の関係式を求めよ．

(2) 探査機が受ける力は，保存力である万有引力だけなので，力学的エネルギーもまた保存される．探査機が無限遠方を飛行しているときと，最接近時の力学的エネルギーをそれぞれ求め，$s$ と $v_s$ の関係式を求めよ．

(3) 小問 (1) と (2) の答えを用いて，$s$ および $v_s$ を求めよ．

**【解答】** (1) 惑星の引力が作用しなければ，探査機は距離 $b$ の漸近線上を等速で飛行し続ける．既に確認例題6.2で見たように，この場合の角運動量は $bmv_\infty$ になる．また，最接近時には，探査機の位置ベクトルと速度ベクトルが直交するので，角運動量は $smv_s$ となる．2つの角運動量の値は等しいので，$s$ と $v_s$ の関係は

$$bmv_\infty = smv_s \tag{6.13}$$

と求まる．

(2) 惑星と探査機の距離が $r$ のときの，探査機の速さを $v$ とすると，力学的エネルギーは $E = \frac{1}{2}mv^2 - G\frac{Mm}{r}$ である．無限遠方（$r = \infty,\ v = v_\infty$）と最接近時（$r = s,\ v = v_s$）における力学的エネルギーが等しいので，$s$ と $v_s$ の関係は

$$\frac{1}{2}mv_\infty^2 = \frac{1}{2}mv_s^2 - G\frac{Mm}{s} \tag{6.14}$$

と求まる．

(3) (6.13) 式から求まる $s = \frac{v_\infty}{v_s}b$ を (6.14) 式に代入すると

$$\frac{1}{2}mv_\infty^2 = \frac{1}{2}mv_s^2 - G\frac{Mm}{bv_\infty}v_s$$

$$\Longleftrightarrow \quad v_s^2 - 2\frac{GM}{bv_\infty}v_s - v_\infty^2 = 0$$

と $v_s$ に関する2次方程式を得る．$v_s > 0$ の解を求めることにより

$$v_s = \frac{GM}{bv_\infty} + \sqrt{\left(\frac{GM}{bv_\infty}\right)^2 + v_\infty^2}$$

と定まる．$s = \frac{bv_\infty}{v_s}$ に $v_s$ の表式を代入すると

$$s = \frac{bv_\infty}{v_s} = \frac{bv_\infty}{\frac{GM}{bv_\infty} + \sqrt{\left(\frac{GM}{bv_\infty}\right)^2 + v_\infty^2}}.$$

右辺の分子と分母に $-\frac{GM}{bv_\infty} + \sqrt{\left(\frac{GM}{bv_\infty}\right)^2 + v_\infty^2}$ をかけると

$$\begin{aligned} s &= \frac{bv_\infty}{-\left(\frac{GM}{bv_\infty}\right)^2 + \left(\frac{GM}{bv_\infty}\right)^2 + v_\infty^2} \left\{ -\frac{GM}{bv_\infty} + \sqrt{\left(\frac{GM}{bv_\infty}\right)^2 + v_\infty^2} \right\} \\ &= -\frac{GM}{v_\infty^2} + \sqrt{\left(\frac{GM}{v_\infty^2}\right)^2 + b^2} \end{aligned}$$

と求まる． ■

### 中心力のまとめ

- 力の作用線が常にある固定点を通り，力の大きさが固定点からの距離のみに依存する力を中心力という
- 万有引力は中心力の典型的な例である
- 中心力のみがはたらく質点系の全角運動量は保存する

## 第 6 章　演習問題

**6.1**　以下は，よく利用されるベクトル積の恒等式である：

$$\boldsymbol{A} \times (\boldsymbol{B} \times \boldsymbol{C}) = (\boldsymbol{A} \cdot \boldsymbol{C})\boldsymbol{B} - (\boldsymbol{A} \cdot \boldsymbol{B})\boldsymbol{C}, \tag{6.15}$$

$$\boldsymbol{A} \cdot (\boldsymbol{B} \times \boldsymbol{C}) = \boldsymbol{B} \cdot (\boldsymbol{C} \times \boldsymbol{A}) = \boldsymbol{C} \cdot (\boldsymbol{A} \times \boldsymbol{B}). \tag{6.16}$$

(1)　(6.15) 式が成り立つことを証明せよ．

**ヒント**：$\boldsymbol{A} = (A_x, A_y, A_z)$, $\boldsymbol{B} = (B_x, B_y, B_z)$, $\boldsymbol{C} = (C_x, C_y, C_z)$ とし，(6.15) 式の左辺の $x$ 成分を計算せよ．次に，それを変形すると，(6.15) 式の右辺の $x$ 成分に一致することを示せ．

(2)　(6.16) 式が成り立つことを証明せよ．

**ヒント**：次の行列式を使った表示

$$\boldsymbol{A}\cdot(\boldsymbol{B}\times\boldsymbol{C}) = \boldsymbol{A}\cdot\begin{vmatrix}\hat{\boldsymbol{x}} & \hat{\boldsymbol{y}} & \hat{\boldsymbol{z}}\\ B_x & B_y & B_z\\ C_x & C_y & C_z\end{vmatrix} = \begin{vmatrix}A_x & A_y & A_z\\ B_x & B_y & B_z\\ C_x & C_y & C_z\end{vmatrix},$$

および，行列式は行を入れ替えると符号が変わる性質を利用せよ．

**6.2** 以下の恒等式が成り立つことを，(6.15) 式および (6.16) 式を利用して証明せよ．

(1) $(\boldsymbol{A}\times\boldsymbol{B})\times\boldsymbol{C} = (\boldsymbol{A}\cdot\boldsymbol{C})\boldsymbol{B} - (\boldsymbol{B}\cdot\boldsymbol{C})\boldsymbol{A}$

(2) $(\boldsymbol{A}\times\boldsymbol{B})\cdot(\boldsymbol{C}\times\boldsymbol{D}) = (\boldsymbol{A}\cdot\boldsymbol{C})(\boldsymbol{B}\cdot\boldsymbol{D}) - (\boldsymbol{A}\cdot\boldsymbol{D})(\boldsymbol{B}\cdot\boldsymbol{C})$

(3) $(\boldsymbol{A}\times\boldsymbol{B})\times(\boldsymbol{C}\times\boldsymbol{D}) = \{\boldsymbol{A}\cdot(\boldsymbol{B}\times\boldsymbol{D})\}\boldsymbol{C} - \{\boldsymbol{A}\cdot(\boldsymbol{B}\times\boldsymbol{C})\}\boldsymbol{D}$

**6.3** 質量 $m$ の**人工衛星**が，地球の周りを等速円運動している．地球の質量を $M$，万有引力定数を $G$ として，以下の問いに答えよ．

(1) 人工衛星の速度が $v$，円軌道の半径が $r$ のとき，$v$ と $r$ が満たすべき関係式を求めよ．

(2) 人工衛星の運動エネルギー $K$ を $G$, $M$, $m$ および $r$ を使って表せ．

(3) 人工衛星の力学的エネルギー $E$ を $G$, $M$, $m$ および $r$ を使って表せ．ただし，位置エネルギー $U$ の基準点を無限遠点とする．

(4) 衛星が大気の存在が無視できない領域を一時的に通過したため，力学的エネルギーの一部が摩擦により失われ，力学的エネルギーが $E'$（$< E$）になった．その後，再び等速円運動を行う状態に戻った．力学的エネルギーを失う前後で，衛星の円軌道の半径の大小関係はどうなっているか答えよ．

(5) 力学的エネルギーを失う前後で，衛星の速度の大小関係はどうなっているか答えよ．

(6) 力学的エネルギーを失う前後で，衛星の角運動量の大小関係はどうなっているか答えよ．

**6.4** 位置エネルギーが原点からの距離 $r = \sqrt{x^2+y^2+z^2}$ だけの関数 $U(r)$ であるとき，その負の勾配で与えられる力 $\boldsymbol{F} = -\nabla U(r)$ が中心力であることを確かめよ．

**6.5** 中心力を受けて運動する質点の位置ベクトルが掃く（塗りつぶす）面積を考えてみよう．質量 $m$ の質点が原点 O を固定点とする中心力を受けている．時刻 $t$ における質点の位置を $\boldsymbol{r}(t)$ とする．時刻が $t$ から，微小な時間 $\Delta t$ だけ進み $t+\Delta t$ になるまでに，ベクトル $\boldsymbol{r}$ が掃く面積は，ベクトル

$$\Delta\boldsymbol{S} = \frac{1}{2}\{\boldsymbol{r}(t+\Delta t)\times\boldsymbol{r}(t)\} \tag{6.17}$$

の大きさに等しい．

(1) $\boldsymbol{r}$ と $\boldsymbol{r}(t+\Delta t)$ の絵を描き，(6.17) 式の意味を説明せよ．

**ヒント**：ベクトル積の大きさは，2つのベクトルが作る平行四辺形の面積に等しい

ことを思い出せばよい．

(2)　ベクトル

$$\frac{d\boldsymbol{S}}{dt} = \lim_{\Delta t \to 0} \frac{\Delta \boldsymbol{S}}{\Delta t}$$

の大きさを**面積速度**とよぶ．面積速度を $m$ および質点の角運動量ベクトル $\boldsymbol{l}$ の大きさ $l$ $(= |\boldsymbol{l}|)$ を用いて表せ．

### ちょっと寄り道　ガリレオ裁判

地球が太陽の周りを回っていることは，現在では多くの人が知るところである．しかし，それはガリレオ ガリレイの時代には自明なことではなかった．ローマ教会は宗教裁判で，ガリレオに地動説を否定させ，そのときガリレオが「それでも地球は動いている」と発したとされる逸話は有名である．ところで，この発言は後に作られた話であるとの説があったりと，このガリレオ裁判について，近年，詳細な事実が判明してきているそうで♠2，そこでは色々な背景や複雑な事情が絡んでいるのだとか．子供の頃以来，久しぶりにガリレオ裁判という言葉を聞いて新鮮な気分になり，「では，この歴史物語から，現代人が何か教訓や注意点を得ることができるだろうか」などといったことを考えてみたくなった．そこで，細かい話は置いておいて，この話を

- ガリレオは地動説が「科学的に正しい」と考えた
- ローマ教会は科学的には正しくない自説を押し付けた

と単純化し，この2点のみに注目して考えてみることにしよう．（力学の問題でやるような単純化だ．）

まず思い起こされたのは，この話を初めて聞いたときに「ガリレオは正義，教会側は悪」という構図が子供であった著者の頭の中に瞬間的に構築されたことだ．人間は「白か黒か」，「右か左」，「反〜か親〜か」という2項対立に落ちいりやすいが，これもまたその一つの例なのであろう．特に，子供は直感的に判断を行う場合もあるし，その時代に刷り込まれた「本人にとっての」常識は，それが間違ったものであってもすぐには修正できないものであるため，なかなか具合が悪い．何かを感じ，思っても，ごくんと唾を飲んで一拍休憩して，冷静に判断を下すことが，大人になった自分には必要なのであろう．そんなことを思った．

次に，「ローマ教会が科学的に誤った主張を行ったのは，“400年前の人間は今の人間より劣っていた”のでしかたがなかった」と子供時代の著者が考えたことも思い出

♠2　『ガリレオ裁判 400 年後の真実』，田中一郎 岩波新書．

した．これは現代人が抱きがちな偏見そのものである．著者に関しては，スティーブン J. グールドの著書♠3 を初めて読んだときに，自分もそのような偏見をもっていたことに気づき，思考を修正できたことを思い出した．その後，火焔（かえん）土器（縄文土器）を初めて見たときには，「この作品の作者である縄文人は天才芸術家である」と感じ，確かに個々の人間的な優劣は時代には無関係なのだと確信できた．

ところで，ローマ教会はどうして地動説を否定させるような（あつかましい）行動が可能であったのだろうか．まあそれは単純に，当時のローマ教会が「世界を動かすほどの権力」を保有していたため“わがまま”を言うことが可能であったのだろう．では，現代ではどうか．現代社会における最強の権力者はおそらく“経済”だ．したがって「経済的に正しい」とか「経済がうんぬん」などといった言葉を発する人は，現代の最高権力者側に立っているので，より控えめな態度と行動を求められるのかもしれない．（今から数百年の歳月が経った後に人類の社会システムが変化し，「20 世紀頃に信奉されていた『経済』という野蛮な思想」などと言われる可能性も，ひょっとするとあるのかもしれない．）

考えてみれば，先に述べた「ガリレオ裁判を単純化して考えてみよう」という思考も，相当程度にあつかましく，偉そうな態度であるように思えてきた．昔，物理学帝国主義という言葉をよく聞いた時期があったが，科学を学んだ人は「自分はわかっている，自分には理解できる」という錯覚を抱きがちなのかもしれない．科学の方法論は，ある状況ではその威力を発するのは確かだけれど，人間社会全体で見た場合は，万能ではないことにも注意すべきだろう．（OM） □

---

♠3 『ワンダフル・ライフ バージェス頁岩と生物進化の物語』，（訳：渡辺政隆）ハヤカワ文庫 NF

# 第7章 剛体の力学の初歩

**剛体**とは，大きさをもつが変形しない物体である．その運動は**並進運動**と**回転運動**の組合せとなる．本章では，剛体の振動運動と，坂を転げ落ちる円柱の運動という 2 つの例を詳しく調べることにより，剛体の力学の "いろは" を学ぶ．

## 7.1 大きさをもつ物体の運動−物理振り子

糸の先に質点をとり付けた単振り子の運動は既に確認例題 4.6 と基本例題 6.2 で扱った．この質点と糸からなる振り子が，棒や円盤や球など大きさをもった剛体に置き換わったものを**物理振り子**（あるいは**実体振り子**）とよぶ．物理振り子の運動には，単振り子と比較して，どのような違いが現れるだろうか．

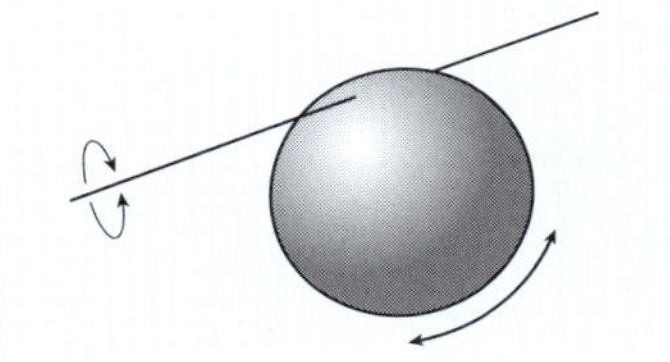

物理振り子の例.
ビリヤードのボールに細い鉄の棒を通し，棒を回転軸として振動させる.

剛体の運動の題材として，物理振り子を最初に選んだ理由は，それが剛体の中で最も単純に記述できるものの 1 つだからである．コマの運動を思い浮かべてほしい．回転しながら，コマが水平方向にゆっくり動いたり，ときには回転軸がうねうねとぐらついたりする複雑な動きをするのを見た経験もあることだろう．3 次元空間中を運動する質点の運動を記述するためには，座標として $x$, $y$, $z$ の 3 つの成分を用意すればよかった．一般に，物体の運動を記述するために必要となる座標成分の数を**自由度**とよぶ．すなわち，直線上や円周上を運動する質点の自由度は 1 であり，3 次元空間中を運動する質点の自由度は 3 である．コマのように **3 次元空間を運動する剛体の自由度は 6 になる．3 次元空間での並進運動の自由度が 3 つと，回転軸の方向とその周りの回転角を指定するための自由度が 3 つの合計 6 つである**．ところが，物理振り子のように軸が固定されていると，自由度は一気に減って，軸の周りの回転角を与える変数 1 つだけになり，問題が単純化されるのである．

剛体の物理の勉強を始める前に，以下の注意点を確認しておこう．

- 剛体は大きさをもち変形しない物体を指す．すなわち，剛体は間隔が変化しない多数の質点から構成されていると考えることもできる．このことは，作用・反作用の法則より**質点間の内力は打ち消される**ことを意味している．よって，以降の議論では外力だけを考えればよいことになる．
- 以降の議論では，そのほとんどで剛体を $N$ 個の質点の集合体とみなすことにする．しかし，慣性モーメントを計算するときには，剛体を**連続体**として扱うことにする．

## 7.2　物理振り子の力学的エネルギー

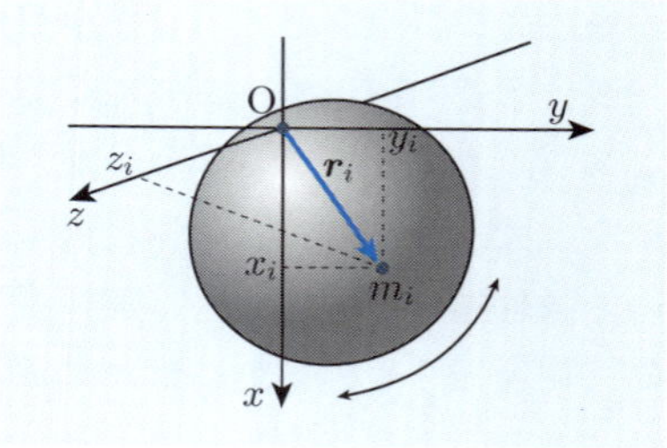


まずは，物理振り子がもつ力学的エネルギーの定式化を試みてみよう．ある形をもつ剛体が，1つの回転軸に固定されているとする．この回転軸を $z$ 軸と一致させ，さらに，$x$ 軸の正の向きが鉛直下向きで，$y$ 軸が水平方向を向くような座標系をとる．ここで，図のように，座標系の原点Oは回転軸の上にあるとする．また，剛体を構成する $N$ 個の質点の中で，$i$ 番目の質点の質量を $m_i$，その座標を $\boldsymbol{r}_i = (x_i, y_i, z_i)$ と表記する．

では，物理振り子の力学的エネルギーの表式を求めることにしよう．

**導入　例題 7.1**

上記の物理振り子は，$z$ 軸を回転軸とするので，振り子を構成する質点の運動は $x$–$y$ 平面に平行な平面内に限られる．また，剛体は変形することがないので，$i$ 番目の質点の位置は，半径 $h_i = \sqrt{x_i^2 + y_i^2}$ の円軌道上に限られる．$h_i$ は回転軸である $z$ 軸から $i$ 番目の質点までの距離である．重力加速度の大きさを $g$ として，以下の問いに答えよ．

(1)　$i$ 番目の質点の速さが $v_i$ で与えられるとき，この質点がもつ運動エネルギー $K_i$ を求めよ．

(2)　小問 (1) で求めた運動エネルギーを，回転の角速度 $\omega$ を使って表せ．

**ヒント**：回転軸のまわりの振れ角を $\theta$ とすると，角速度は $\omega = \dot{\theta}$ で定義される．

半径 $h_i$ は定数なので $v_i = h_i\omega$ の関係が成り立つ．第 3 章演習問題 3.2 を参照せよ．

(3)　物理振り子全体の運動エネルギー $K = \sum_{i=1}^{N} K_i$ を $\omega$ を用いて表せ．

(4)　鉛直下向きが $x$ 軸の正の向きなので，質点 $i$ の重力に関する位置エネルギーは $U_i = -mgx_i$ で与えられる．（$x = 0$ を位置エネルギーの基準とする．）位置エネルギーも考慮して，物理振り子全体の力学的エネルギー $E$ の表式を求めよ．

**【解答】**　(1)　質点 $i$ の運動エネルギーは $K_i = \frac{1}{2}m_i v_i^2$ で与えられる．

(2)　質点 $i$ は，半径 $h_i$ の円周上を運動するので，その速度と回転の角速度の間には $v_i = h_i\omega$ の関係がある．よって，質点 $i$ の運動エネルギーは $K_i = \frac{1}{2}m_i v_i^2 = \frac{1}{2}m_i h_i^2\omega^2$ となる．

(3)　すべての質点に対して運動エネルギーの和をとると

$$K = \sum_{i=1}^{N} K_i = \sum_{i=1}^{N} \frac{1}{2} m_i h_i^2 \omega^2 = \frac{1}{2}\left(\sum_{i=1}^{N} m_i h_i^2\right)\omega^2. \tag{7.1}$$

(4)　運動エネルギー (7.1) 式に，物理振り子全体の位置エネルギー

$$U = \sum_{i=1}^{N}(-m_i g x_i) \tag{7.2}$$

を加えた

$$E = K + U = \frac{1}{2}\left(\sum_{i=1}^{N} m_i h_i^2\right)\omega^2 - \sum_{i=1}^{N} m_i g x_i \tag{7.3}$$

が，物理振り子の力学的エネルギーである．■

力学的エネルギーの表式 (7.3) を考察してみよう．運動エネルギーの項に現れる和の部分

$$\begin{aligned} I &= \sum_{i=1}^{N} m_i h_i^2 \\ &= \sum_{i=1}^{N} m_i (x_i^2 + y_i^2) \end{aligned} \tag{7.4}$$

を**慣性モーメント**という．慣性モーメントは

- 回転軸の位置
- 物体の形（距離 $h_i$ の分布から決まる）
- 物体の**質量分布**（質量 $m_i$ の分布から決まる）

から決定することができる．慣性モーメント $I$ を使うと，剛体の運動エネルギーは

$$K = \frac{1}{2} I\omega^2 \tag{7.5}$$

で与えられることになる．慣性モーメントの定義式 (7.4) より，**同じ質量をもった剛体でも，回転軸から離れた所に質量が分布した方が，大きな慣性モーメント $I$ をもつ**ことがわかる．その場合，同じ角速度 $\omega$ で回転させても，より大きな運動エネルギー $K$ をもつことになる．例えば，鉄パイプの中央部分をもち，バトンのように回転させるのと，鉄パイプを立て，その端をつまみ，立てた状態のままくるくると回転させるのとでは，後者の方がはるかに楽である．これは，バトンのように回すときの慣性モーメントの方が，立てた状態で回すときよりも，ずっと大きいからである．単純な形と質量分布をもった剛体の慣性モーメントの具体的な計算は次節で行う．

次に位置エネルギーの表式を考察するために，**質量中心**（**重心**）

$$\begin{aligned} \boldsymbol{r}_{\mathrm{c}} &= \frac{\sum_{i=1}^{N} m_i \boldsymbol{r}_i}{\sum_{i=1}^{N} m_i} \\ &= \frac{1}{M} \sum_{i=1}^{N} m_i \boldsymbol{r}_i \end{aligned} \tag{7.6}$$

を導入する．ここで

$$M = \sum_{i=1}^{N} m_i \tag{7.7}$$

は，剛体全体の質量を表す．

質量中心の座標 $\boldsymbol{r}_{\mathrm{c}} = (x_{\mathrm{c}}, y_{\mathrm{c}}, z_{\mathrm{c}})$ を使うと，物理振り子全体の位置エネルギーの式 (7.2) は

$$U = -\sum_{i=1}^{N} m_i g x_i = -Mg\,\frac{\sum_{i=1}^{N} m_i x_i}{M}$$
$$= -Mgx_{\mathrm{c}} \tag{7.8}$$

というように，質量中心の $x$ 座標のみを用いて表すことができた．剛体の重力に関する位置エネルギーは，**質量中心に全質量が集中している**とみなして求めればよいことを (7.8) 式は示している．

回転軸（$z$ 軸）から質量中心までの距離を $h_{\mathrm{c}} = \sqrt{x_{\mathrm{c}}^2 + y_{\mathrm{c}}^2}$，回転軸と質量中心を含む平面が $x$–$z$ 平面となす角度を $\theta$ とすると

$$x_{\mathrm{c}} = h_{\mathrm{c}} \cos\theta, \quad \omega = \dot{\theta}$$

が成り立つ．これらの関係を使って，物理振り子の力学的エネルギーを書き直すと

$$E = \frac{1}{2}\,I\omega^2 - Mgx_{\mathrm{c}} = \frac{1}{2}\,I\dot{\theta}^2 - Mgh_{\mathrm{c}}\cos\theta \tag{7.9}$$

となる．もし，空気抵抗や回転軸に発生する摩擦などが無視できるならば，力学的エネルギーが保存するはずである．そこで，第 4 章で行ったように，(7.9) 式を時間 $t$ で微分すると

$$0 = \frac{dE}{dt} = \frac{d}{dt}\left(\frac{1}{2}\,I\dot{\theta}^2 - Mgh_{\mathrm{c}}\cos\theta\right) = \dot{\theta}(I\ddot{\theta} + Mgh_{\mathrm{c}}\sin\theta).$$

$\dot{\theta} = 0$ が成り立つのは，特別な時刻だけなので，一般に

$$\ddot{\theta} = -\frac{Mgh_{\mathrm{c}}}{I}\sin\theta \tag{7.10}$$

が成り立つ必要がある．(7.10) 式が物理振り子の運動方程式である．

### 剛体の基礎事項のまとめ

- ある軸の周りを角速度 $\omega$ で回転する，（その軸に関する）慣性モーメント $I$ の剛体の運動エネルギーは $\frac{1}{2}\,I\omega^2$ で与えられる
- 剛体の重力に関する位置エネルギーは，剛体の全質量が質量中心に集中していると考えて求めてよい

## 7.3 慣性モーメント

慣性モーメントの具体的な計算を行う前に，平行軸の定理を紹介しよう．これは慣性モーメントの具体的な計算をする上で大変有用なものである．この定理は，ある軸（これを $z$ 軸と一致させる）に関する剛体の慣性モーメント $I$ を，その軸に平行で，かつ，剛体の質量中心を通る軸に関する慣性モーメント $I_\mathrm{c}$ と関連付けるものである．

まずは，質量中心の一般的な性質の１つを見てみよう．任意に選んだ原点 O を基準にした質点 $i$ の位置ベクトルを $\boldsymbol{r}_i = (x_i, y_i, z_i)$，質量中心の位置ベクトルを $\boldsymbol{r}_\mathrm{c} = (x_\mathrm{c}, y_\mathrm{c}, z_\mathrm{c})$，質量中心を基準にした質点 $i$ の位置ベクトルを $\boldsymbol{r}'_i = (x'_i, y'_i, z'_i)$ とする（図）．これらのベクトルの間には

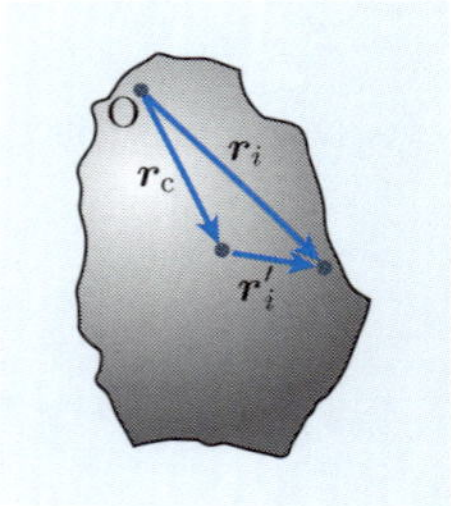


$$\boldsymbol{r}_i = \boldsymbol{r}_\mathrm{c} + \boldsymbol{r}'_i \tag{7.11}$$

の関係がある．(7.11) 式の両辺に，質点の質量 $m_i$ をかけ，$i$ について和をとると

$$\sum_{i=1}^{N} m_i \boldsymbol{r}_i = \sum_{i=1}^{N} m_i \boldsymbol{r}_\mathrm{c} + \sum_{i=1}^{N} m_i \boldsymbol{r}'_i. \tag{7.12}$$

ここで，(7.12) 式の左辺は，(7.6) 式より $\sum_{i=1}^{N} m_i \boldsymbol{r}_i = M\boldsymbol{r}_\mathrm{c}$ であり，(7.12) 式の右辺第１項は，$\sum_{i=1}^{N} m_i \boldsymbol{r}_\mathrm{c} = M\boldsymbol{r}_\mathrm{c}$ である．これらを (7.12) 式に代入すると，$\sum_{i=1}^{N} m_i \boldsymbol{r}'_i = 0$，すなわち

$$\sum_{i=1}^{N} m_i x'_i = 0, \quad \sum_{i=1}^{N} m_i y'_i = 0, \quad \sum_{i=1}^{N} m_i z'_i = 0 \tag{7.13}$$

を得る．(7.11) 式で与えられた関係を使うと，(7.4) 式で与えられる慣性モーメントは

$$\begin{aligned} I &= \sum_{i=1}^{N} m_i (x_i^2 + y_i^2) = \sum_{i=1}^{N} m_i \left\{ (x_\mathrm{c} + x'_i)^2 + (y_\mathrm{c} + y'_i)^2 \right\} \\ &= \sum_{i=1}^{N} m_i (x_\mathrm{c}^2 + y_\mathrm{c}^2) + 2x_\mathrm{c} \sum_{i=1}^{N} m_i x'_i + 2y_\mathrm{c} \sum_{i=1}^{N} m_i y'_i + \sum_{i=1}^{N} m_i (x_i'^2 + y_i'^2) \end{aligned} \tag{7.14}$$

となる．$z$ 軸から質量中心までの距離 $h_\mathrm{c} = \sqrt{x_\mathrm{c}^2 + y_\mathrm{c}^2}$，慣性モーメントの定義から得られる $I_\mathrm{c} = \sum_{i=1}^{N} m_i (x_i'^2 + y_i'^2)$，および (7.13) 式を，(7.14) 式に代入すると

$$I = Mh_\mathrm{c}^2 + I_\mathrm{c} \tag{7.15}$$

を得る．これは質量中心を通る軸に関する慣性モーメント $I_\mathrm{c}$ と，その軸と平行で，そこから $h_\mathrm{c}$ だけ距離が離れた軸に関する慣性モーメント $I$ を関係付けている．(7.15) 式を**平行軸の定理**という．

平行軸の定理を利用しながら，いくつかの単純な形をした剛体の慣性モーメントを求めてみよう．我々はこれまで，「剛体は質点の集合体である」として，議論を行ってきたが，慣性モーメントを求める場合，剛体を連続体として扱う方が計算が簡単である．連続体と思えば，$z$ 軸に関する慣性モーメントの定義式 (7.4) は，**体積積分**

$$I = \sum_{i=1}^{N} m_i(x_i^2 + y_i^2) = \int_{\mathcal{V}} \rho(x, y, z)(x^2 + y^2)\, d\mathcal{V}$$

に置き換えられるからである．ここで $\rho(x, y, z)$ は位置 $(x, y, z)$ における剛体の**（質量）密度**であり，$\int_{\mathcal{V}} \cdots d\mathcal{V}$ は剛体全体にわたる体積積分である．当然ながら，$x$ 軸に平行に置かれた線状の剛体の場合は 1 変数の積分 $I_{1\,次元} = \int_{\mathcal{V}} \rho(x) x^2\, dx$ で，$xy$ 平面と平行に置かれた板状の剛体の場合は 2 重積分 $I_{2\,次元} = \int_{\mathcal{V}} \rho(x, y)(x^2 + y^2)\, dx\, dy$ により，慣性モーメントを計算することができる．

まずは均一の密度をもった 1 次元状の棒の慣性モーメントを求めてみよう．均一の密度と対称的な形をもつ物体の質量中心は，当然，物体の中心にあたる．この場合は，棒の中心が質量中心となる．

**導入 例題 7.2**

質量が均一に分布した長さ $L$ で質量 $M$ の 1 次元の棒を，$x$ 軸上に，その質量中心が原点 O に重なるように置いた．すなわち，棒の左端の座標は $x = -\frac{L}{2}$ で，右端の座標は $x = \frac{L}{2}$ である．$z$ 軸に関する慣性モーメントを，以下の手順で求めよ．

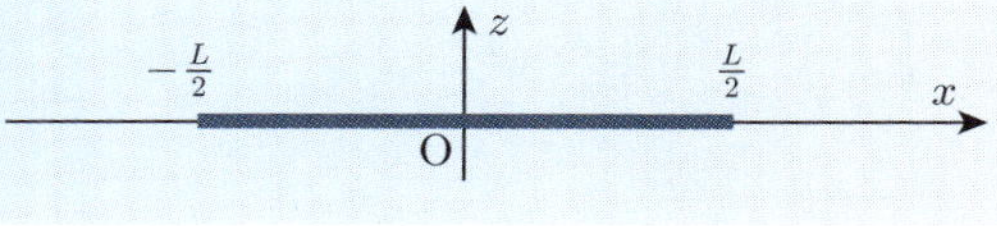

(1)　与えられた配置では，$z$ 軸は質量中心を含んでいるので，$z$ 軸に関する慣性モーメントは $I_c$ を与える．質量 $M$ が長さ $L$ の棒に均一に分布しているので，単位長さあたりの質量は $\frac{M}{L}$ である．これがこの1次元的な物体の密度であり，特に**線密度**とよばれる．$\rho(x)$ は $x$ にはよらず $\rho = \frac{M}{L}$ である．位置 $x$ にある長さ $dx$ の棒の微小部分の，慣性モーメント $I_c$ への寄与 $dI$ を求めよ．

(2)　小問 (1) で求めた $dI$ を $x = -\frac{L}{2}$ から $x = \frac{L}{2}$ まで積分することにより，$I_c$ を求めよ．

(3)　棒を $x$ 軸上に置いたまま，左端が原点 O に，右端が $x = L$ に位置するようにずらした．$z$ 軸に関する慣性モーメント $I$ を，平行軸の定理を使って求めよ．

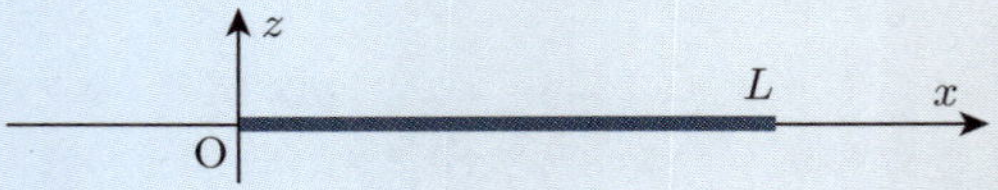


(4)　小問 (2) の積分範囲を $x = 0$ から $x = L$ に変更すると，小問 (3) の慣性モーメントが求まるはずである．積分を実行し，両者の結果が一致することを確認せよ．

**【解答】**　(1)　棒の微小部分は質量が $\rho\,dx$ で，$z$ 軸からの距離が $x$ なので，$dI = \rho\,dx \times x^2 = \rho x^2\,dx$ である．

(2)　積分を実行すると

$$I_c = \int_{-\frac{L}{2}}^{\frac{L}{2}} dI = \int_{-\frac{L}{2}}^{\frac{L}{2}} \rho x^2\,dx = \frac{L^3}{12}\rho = \frac{L^3}{12}\frac{M}{L} = \frac{1}{12}ML^2$$

と求まる．

(3)　棒の左端から質量中心までの距離は $\frac{L}{2}$ である．よって，平行軸の定理より

$$I = M\left(\frac{L}{2}\right)^2 + I_c = \frac{1}{4}ML^2 + \frac{1}{12}ML^2 = \frac{1}{3}ML^2$$

と求まる．

(4)　積分を実行すると

$$I = \int_0^L dI = \int_0^L \rho x^2\,dx = \frac{L^3}{3}\rho = \frac{L^3}{3}\frac{M}{L} = \frac{1}{3}ML^2.$$

小問 (3) の答えと確かに一致している．■

次に均一な密度をもつ円環の慣性モーメントを求めてみよう．円環とは 1 次元的な棒を円形に曲げて作った輪である．質量 $M$，半径 $R$ の円環の質量中心（輪の中心であり，この点には物質はない）を通り，円環を含む面を垂直に貫く軸に関する慣性モーメントは，どのように計算できるだろうか．実は計算しなくても $I_c = MR^2$ であることがわかる．**慣性モーメントは，剛体を構成する質点が軸からどれだけ離れているかにしかよらない．よって，円環のように軸から距離 $R$ の位置に質量 $M$ が一様に分布していようが，距離 $R$ の位置の 1 点に質量 $M$ が集中していようが，慣性モーメントの値は変わらない**のである．それでも，疑い深い読者のために，円環の慣性モーメントを実際に計算して求めてみることにしよう．

**確認　例題 7.1**

半径 $R$，質量 $M$ の均一な密度をもつ円環を $x$–$y$ 平面上に，その中心が原点 O と一致するように配置している．$z$ 軸に関する慣性モーメント $I_c$ を，以下の手順で求めよ．

(1)　円環上の点を $\boldsymbol{r} = (R\cos\theta, R\sin\theta)$ と極座標表示したとき，角度が $(\theta, \theta + d\theta)$ の部分に該当する円弧の長さを求めよ．

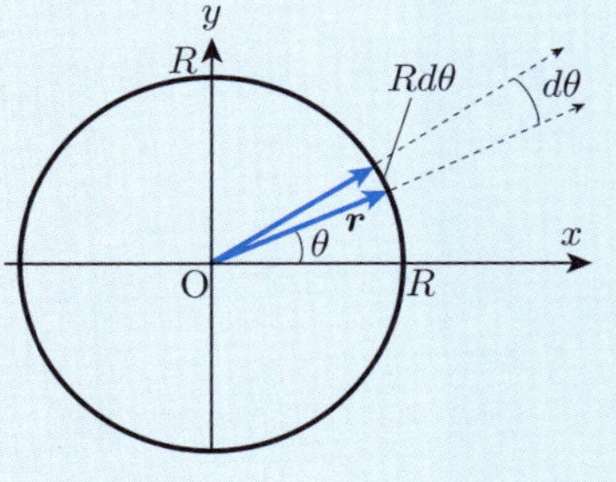


(2)　この円環の線密度は $\theta$ によらず $\rho = \frac{M}{2\pi R}$ で与えられる．小問 (1) で求めた微小な円環部分の慣性モーメントへの寄与 $dI$ を求めよ．

(3)　$dI$ を $\theta = 0$ から $\theta = 2\pi$ まで積分することにより，$I_c$ を求めよ．

**【解答】** (1)　角度の大きさが $d\theta$ に相当する円弧の長さは $R\,d\theta$ で与えられる．

(2)　円環の質量は $\rho R\,d\theta$ なので，$dI = \rho R\,d\theta \times R^2 = \rho R^3\,d\theta$.

(3)　積分を実行すると

$$\begin{aligned} I_{\rm c} &= \int dI = \int_0^{2\pi} \rho R^3\,d\theta \\ &= 2\pi\rho R^3 = 2\pi\,\frac{M}{2\pi R}\,R^3 \\ &= MR^2 \end{aligned}$$

と求まる．■

円環でなく，ある長さをもった（中は空洞の）円筒の場合は，どうなるだろうか．$z$ 軸が円筒の中心軸で，円筒の質量が $M$ であれば，円筒を構成する質点はすべて $z$ 軸から距離 $R$ の位置にあるので，この場合も，やはり $I_{\rm c} = MR^2$ ということになる．

それでは，中身が詰まった円板の慣性モーメントはどうであろうか．

### 基本 例題 7.1

半径 $R$，質量 $M$ の均一な密度をもつ厚さをもたない円板を $x$–$y$ 平面上に，その中心が原点 O と一致するように配置している．この場合，密度 $\rho$ は単位面積あたりの質量であり，特に**面密度**とよばれる．半径 $R$ の円板の面積は $\pi R^2$ であり，質量分布は均一であると仮定しているので，$\rho = \frac{M}{\pi R^2}$ である．$z$ 軸に関する慣性モーメント $I_{\rm c}$ を，以下の手順で求めよ．

(1)　原点を中心とする半径 $r+dr\,(<R)$ の円から，半径 $r$ の円をくり抜いてできる薄い輪の質量 $dM$ を，面密度 $\rho$ を使って表せ．ただし，$r$ に対して $dr$ は微小（$\frac{dr}{r} \ll 1$）である．

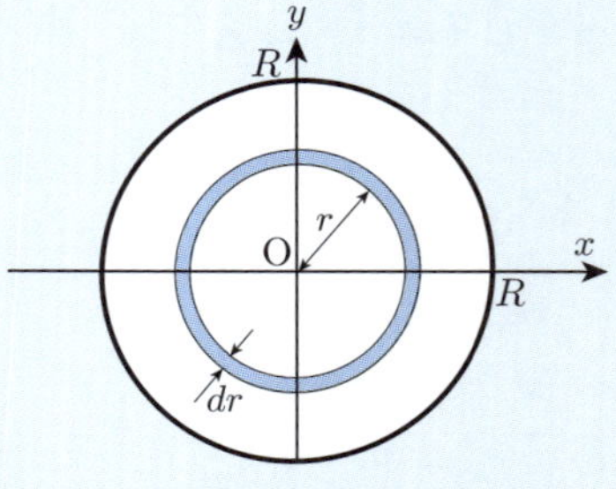


(2)　小問 (1) で求めた薄い輪の $z$ 軸に関する慣性モーメント $dI$ を求めよ．

(3)　小問 (2) で求めた $dI$ を $r=0$ から $r=R$ まで積分することにより，$I_{\rm c}$ を求めよ．

**【解答】**　(1)　半径 $r$ の円をくり抜いた後に得られる薄い輪の部分の面積は

$$\pi(r+dr)^2 - \pi r^2 = \pi(2r+dr)\,dr = 2\pi r\left(1+\frac{1}{2}\frac{dr}{r}\right)dr \simeq 2\pi r\,dr.$$

よって求める質量は $dM = 2\pi\rho r\,dr$ となる．

(2)　求める慣性モーメントは半径 $r$，質量 $dM$ の円環の慣性モーメントに等しいので，$dI = dM \times r^2 = 2\pi\rho r^3\,dr$ となる．

(3)　積分を実行すると

$$I_{\rm c} = \int dI = \int_0^R 2\pi\rho r^3\,dr = \frac{\pi}{2}\rho R^4 = \frac{\pi}{2}\frac{M}{\pi R^2}R^4 = \frac{1}{2}MR^2$$

と求まる．■

円板でなく，ある長さをもち中身が均一に詰まった半径 $R$，質量 $M$ の円柱に対しても，円柱の中心軸に関する慣性モーメントに対する表式は $I_{\rm c} = \frac{1}{2}MR^2$ で与えられる．

円板の直径を含む軸に対する慣性モーメントを求めてみよう．まず，円板に限らない任意の2次元状の剛体が $x$–$y$ 平面上に置かれているとする．その物体を構成する $i$ 番目の質点の座標を $\boldsymbol{r}_i = (x_i, y_i, 0)$ とする．$x$, $y$, $z$ 軸に関する慣性モーメントを，それぞれ $I_x$, $I_y$, $I_z$ とすると

$$I_x = \sum_{i=1}^{N} m_i y_i^2, \quad I_y = \sum_{i=1}^{N} m_i x_i^2, \quad I_z = \sum_{i=1}^{N} m_i(x_i^2+y_i^2)$$

$$\Longrightarrow \quad I_z = I_x + I_y \tag{7.16}$$

が成り立つことがわかる．(7.16) 式を**直交軸の定理**という．

$x$–$y$ 平面に置かれた半径 $R$，質量 $M$ の均一な円板を例にとると，円板の直径を通る任意の軸に関する慣性モーメント $I_d$ は $I_x$ および $I_y$ に等しい：$I_d = I_x = I_y$．$z$ 軸に関する慣性モーメント $I_z$ は，基本例題 7.1 で求めた $I_{\rm c}$ に等しいので，$I_z = \frac{1}{2}MR^2$ である．直交軸の定理より，$I_d$ は

$$I_z = \frac{1}{2}MR^2 = I_x + I_y = 2I_d$$

$$\Longrightarrow \quad I_d = \frac{1}{4}MR^2$$

と求まる．

## 7.4 物理振り子の角運動量

基本例題 6.2 で，単振り子の運動方程式を角運動量の運動方程式 (6.10) から導出したときのように，物理振り子を角運動量の観点から見なおしてみよう．

物理振り子を構成する質点 $i$ の角運動量を $\boldsymbol{l}_i$ とすると，剛体では外力（今の場合は重力）だけを考えればよかったので，角運動量の運動方程式 (6.10) は $\dot{\boldsymbol{l}}_i = \boldsymbol{r}_i \times m_i g\widehat{\boldsymbol{x}}$ となる．よって，剛体の全角運動量の運動方程式として，一般的には

$$\sum_{i=1}^{N} \frac{d\boldsymbol{l}_i}{dt} = \sum_{i=1}^{N} (\boldsymbol{r}_i \times m_i g\widehat{\boldsymbol{x}}) \tag{7.17}$$

という式が得られる．

ここで，(7.17) 式の右辺の力のモーメントを求めてみよう．

**確認 例題 7.2**

(7.17) 式の右辺は，剛体にはたらく重力による力のモーメントの一般的な表式 $\boldsymbol{N}_g$ を与える．これに，(7.11) 式を代入することにより，質量中心の位置ベクトル $\boldsymbol{r}_\mathrm{c}$ を使って $\boldsymbol{N}_g$ を表せ．

**【解答】** (7.17) 式の右辺に (7.11) 式を代入すると

$$\begin{aligned}\boldsymbol{N}_g &= \sum_{i=1}^{N} \left\{ (\boldsymbol{r}_\mathrm{c} + \boldsymbol{r}'_i) \times m_i g\widehat{\boldsymbol{x}} \right\} = \sum_{i=1}^{N} (\boldsymbol{r}_\mathrm{c} \times m_i g\widehat{\boldsymbol{x}}) + \sum_{i=1}^{N} (\boldsymbol{r}'_i \times m_i g\widehat{\boldsymbol{x}}) \\ &= (\boldsymbol{r}_\mathrm{c} \times g\widehat{\boldsymbol{x}}) \sum_{i=1}^{N} m_i + \left( \sum_{i=1}^{N} m_i \boldsymbol{r}'_i \right) \times g\widehat{\boldsymbol{x}}.\end{aligned}$$

ここで，(7.7) 式と (7.13) 式を代入すると

$$\boldsymbol{N}_g = \boldsymbol{r}_\mathrm{c} \times Mg\widehat{\boldsymbol{x}} \tag{7.18}$$

と求まる． ■

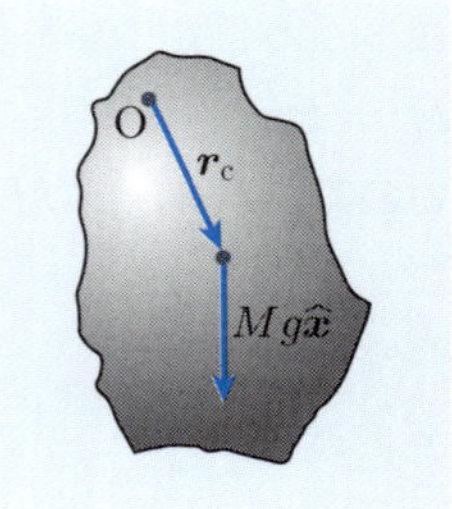


(7.18) 式は，**剛体にはたらく重力による力のモーメントは，全質量が質量中心に集中していると考えて計算すればよい**ことを示している．

物理振り子の運動方程式を (7.17) 式から求めよう．

物理振り子は $z$ 軸に固定された回転軸に**束縛**されている．つまり，物理振り子を構成する質点の運動は，$x$–$y$ 平面に平行な面内に制限されている．ここで，(6.11) 式を導いたときの議論を思い出すことにしよう．結論は，**角運動量の $z$ 軸成分のみを考慮すればよい**というものであった．つまり，(7.17) 式も $z$ 成分のみを考えればよい，ということである．そこで，(7.17) 式の左辺の角運動量ベクトル $\boldsymbol{l}_i$ の $z$ 成分を，まずは求めてみよう．7.2 節と同じように，質点 $i$ の運動は $z$ 軸を中心とする半径 $h_i$ の円軌道上にあると考える．また，質点 $i$ の速度を $v_i$，回転軸の角速度を $\omega$ とする．ただし，質点の軌道を $x$–$y$ 平面へ投影し，その軌道が反時計回りであるとき，速度および角速度が正であるとする．こうすると，角運動量の $z$ 成分は $h_i m_i v_i = m_i h_i^2 \omega$ と記述できることになる．以上より，剛体全体の角運動量の $z$ 成分は

$$\sum_{i=1}^{N} m_i h_i^2 \omega = I_z \omega \tag{7.19}$$

と求まる．ここで，$I_z = \sum_{i=1}^{N} m_i h_i^2$ は固定された回転軸（$z$ 軸）に関する物理振り子の慣性モーメントである．

$z$ 軸と質量中心を含む面と $x$–$z$ 平面がなす角度を $\theta$ とすると，剛体全体の角運動量の $z$ 成分は $I_z\omega = I_z\dot{\theta}$ と表記される．また，剛体全体の力のモーメントの $z$ 成分は，(7.18) 式で与えられる $\boldsymbol{N}_g$ の $z$ 成分であり，質量中心の座標を $\boldsymbol{r}_\mathrm{c} = (x_\mathrm{c}, y_\mathrm{c}, z_\mathrm{c})$ とすると，その値は $-Mgy_\mathrm{c}$ である．$z$ 軸と質量中心の距離を $h_\mathrm{c}$ とすると $y_\mathrm{c} = h_\mathrm{c}\sin\theta$ より，$-Mgy_\mathrm{c} = -Mgh_\mathrm{c}\sin\theta$ と求まる．これらを (7.17) 式の $z$ 成分に代入すると

$$\begin{aligned} I_z\ddot{\theta} &= -Mgh_\mathrm{c}\sin\theta \\ \Longrightarrow \quad \ddot{\theta} &= -\frac{Mgh_\mathrm{c}}{I_z}\sin\theta \end{aligned}$$

が得られる．これは運動方程式 (7.10) 式に他ならない．

物理振り子の角振動数を考えてみよう．物理振り子を微小振動させた場合，その角振動数は運動方程式 (7.10) 式より

$$\sqrt{\frac{Mgh_\mathrm{c}}{I}} = \sqrt{\frac{Mgh_\mathrm{c}}{Mh_\mathrm{c}^2 + I_\mathrm{c}}} = \sqrt{\frac{g}{h_\mathrm{c} + \frac{I_\mathrm{c}}{Mh_\mathrm{c}}}}$$

と求まる．

**基本 例題 7.2**

以下の剛体を微小振動させるとき，長さ $l$ の単振り子と同じ角振動数をもつためには，どのような条件が必要になるかを考察せよ．

(1) 質量 $M$，長さ $L$ の1次元の棒の一端をピンで留めてつり下げる場合

(2) 質量 $M$，半径 $R$ の 円環をピンにかけてつり下げる場合

(3) 質量 $M$，半径 $R$ の 円板の端をピンで留めてつり下げる場合

**【解答】** 単振り子の角振動数は $\sqrt{\frac{g}{l}}$ である．物理振り子の角振動数がこれに一致するには，$h_c + \frac{I_c}{Mh_c} = l$ が必要となる．

(1) 1次元棒の質量中心の周りの慣性モーメントは $I_c = \frac{1}{12}ML^2$，固定軸と質量中心の距離は $h_c = \frac{L}{2}$ である．よって

$$h_c + \frac{I_c}{Mh_c} = \frac{L}{2} + \frac{\frac{ML^2}{12}}{\frac{ML}{2}} = \frac{2}{3}L = l$$

$$\iff \quad L = \frac{3}{2}l$$

が条件となる．

(2) 円環の場合は，$I_c = MR^2$，$h_c = R$ である．よって

$$h_c + \frac{I_c}{Mh_c} = R + \frac{MR^2}{MR} = 2R = l$$

$$\iff \quad R = \frac{1}{2}l$$

が条件となる．

(3) 円板の場合，$I_c = \frac{1}{2}MR^2$，$h_c = R$ である．よって

$$h_c + \frac{I_c}{Mh_c} = R + \frac{\frac{MR^2}{2}}{MR} = \frac{3}{2}R = l$$

$$\iff \quad R = \frac{2}{3}l$$

が条件となる． ■

## 7.5　斜面を転げ落ちる剛体

質量 $M$，半径 $R$ の円柱が，傾斜角 $\theta$ の坂を転げ落ちる運動を考えてみよう．回転軸が固定されていた物理振り子と異なり，この例では剛体とともに回転軸も移動することになる．

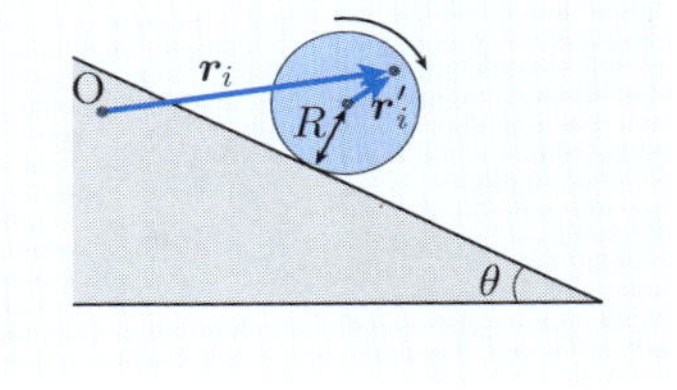


ベクトル $\boldsymbol{r}_i$ と $\boldsymbol{r}'_i$．
円柱の質量中心は回転軸上にあり，また原点 O は空間に固定されている．

まず，力学的エネルギーの観点から，この問題を眺めてみよう．剛体を構成する質点 $i$ の運動エネルギー $\frac{1}{2}m_i\dot{\boldsymbol{r}}_i^2$ に (7.11) 式を時間で微分した式を代入すると

$$\frac{1}{2}m_i\dot{\boldsymbol{r}}_i^2 = \frac{1}{2}m_i(\dot{\boldsymbol{r}}_{\mathrm{c}} + \dot{\boldsymbol{r}}'_i)^2 = \frac{1}{2}m_i(\dot{\boldsymbol{r}}_{\mathrm{c}}^2 + 2\dot{\boldsymbol{r}}_{\mathrm{c}}\cdot\dot{\boldsymbol{r}}'_i + \dot{\boldsymbol{r}}'^2_i).$$

剛体の全運動エネルギーは，これを $i$ について和をとることで求められるが，(7.13) 式より $\sum_{i=1}^{N} m_i\dot{\boldsymbol{r}}'_i = 0$ なので

$$K = \sum_{i=1}^{N}\frac{1}{2}m_i(\dot{\boldsymbol{r}}_{\mathrm{c}}^2 + 2\dot{\boldsymbol{r}}_{\mathrm{c}}\cdot\dot{\boldsymbol{r}}'_i + \dot{\boldsymbol{r}}'^2_i) = \frac{1}{2}M\dot{\boldsymbol{r}}_{\mathrm{c}}^2 + \sum_{i=1}^{N}\left(\frac{1}{2}m_i\dot{\boldsymbol{r}}'^2_i\right) \tag{7.20}$$

となる．(7.20) 式の右辺の第 1 項は質量中心に全質量を集中させることによって得られた質点が，速度 $\dot{\boldsymbol{r}}_{\mathrm{c}}$ をもつときの運動エネルギーと考えることができる．第 2 項は質量中心から見た質点の運動エネルギーであり，今回の問題では，質量中心が回転軸を通るので，これは円柱の回転の運動エネルギーのことである．以上より，円柱の質量中心が斜面に沿って進む速度の大きさを $v$，円柱の中心軸の周りの慣性モーメントを $I_{\mathrm{c}}$，回転の角速度を $\omega$ とすると，転がる円柱の運動エネルギーは

$$K = \frac{1}{2}Mv^2 + \frac{1}{2}I_{\mathrm{c}}\omega^2$$

と表せることが示せた．

剛体の位置エネルギーは，一般に質量中心に全質量が集まっていると考えればよかったので，質量中心の水平面からの高さを $h$ で表すことにして $U = Mgh$ で与えることができる．結局，系の力学的エネルギーは

$$E = K + U = \frac{1}{2}Mv^2 + \frac{1}{2}I_{\mathrm{c}}\omega^2 + Mgh \tag{7.21}$$

で与えられる．

力学的エネルギーの表式を得たので，これまで行ってきたように，力学的エネルギーが保存すると仮定して，それを時間 $t$ で微分し，系の運動方程式を求めることをしたい．しかし，円柱と斜面の間には摩擦力がはたらく．摩擦力があるので円柱が回転できるのである．摩擦が仕事をしてしまうと，力学的エネルギーの一部が失われてしまい，力学的エネルギーは保存しなくなってしまう．しかし，実は，**円柱が滑らなければ力学的エネルギーが保存する**ことがわかっている．滑りがない場合，円柱の表面が斜面に接地する瞬間に，円柱側の接点は斜面に対して垂直に降り，離れるときは垂直に上がっていく．円柱と斜面は点でしか接触しないことになり，摩擦力は仕事をすることができない．結果として，力学的エネルギーは保存されるのである（章末の演習問題参照）．

(7.21) 式の右辺で時間に依存するのは，$v$, $\omega$, $h$ の 3 つの変数である．これらの変数に関しては，以下が成り立つ：

- 円柱は滑らずに転がる．そのため，ある時間内に，その表面が斜面に接地する長さと，円柱の質量中心が斜面沿いに進む直線距離は等しい．よって，$v = R\omega$ が成り立つ．
- 時刻 $t = 0$ に，円柱の質量中心は水平面から高さが $h_0$ の位置にあったとする．円柱が転がり，その質量中心の高さが $h_0$ から $h$ に変化する間に，質量中心が進む斜面沿いの直線距離を $s$ とすると，$s\sin\theta = h_0 - h$ が成り立つ．よって，質量中心の並進運動の速度は $v = \dot{s} = -\frac{\dot{h}}{\sin\theta}$ である．

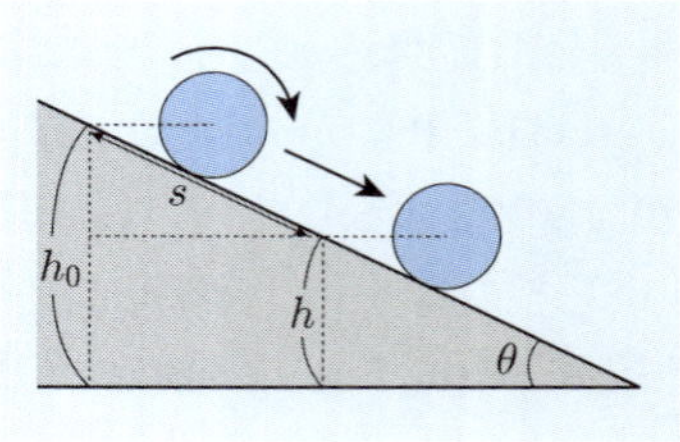


## 確認 例題 7.3

力学的エネルギーの式 (7.21) が保存量であると仮定し，$\dot{v}$ が満たすべき方程式を求めよ．

**【解答】**　まず，力学的エネルギー $E$ が定数であると仮定し，(7.21) 式を時間 $t$ で微分する．次に $v = R\omega$ と $v = -\frac{\dot{h}}{\sin\theta}$ の関係を得られた式に代入すると

$$0 = \frac{dE}{dt} = Mv\dot{v} + I_{\mathrm{c}}\omega\dot{\omega} + Mg\dot{h} = Mv\dot{v} + \frac{I_{\mathrm{c}}}{R^2}v\dot{v} - vMg\sin\theta$$

$$= v\left(M\dot{v} + \frac{I_c}{R^2}\,\dot{v} - Mg\sin\theta\right).$$

$v = 0$ は特別な条件でしか成り立たないので，一般に

$$\dot{v} = \left(\frac{1}{1 + \frac{I_c}{MR^2}}\right) g\sin\theta \tag{7.22}$$

が成り立つ必要がある．これが，斜面を滑らずに転げ落ちる円柱の質量中心の加速度を与える． ■

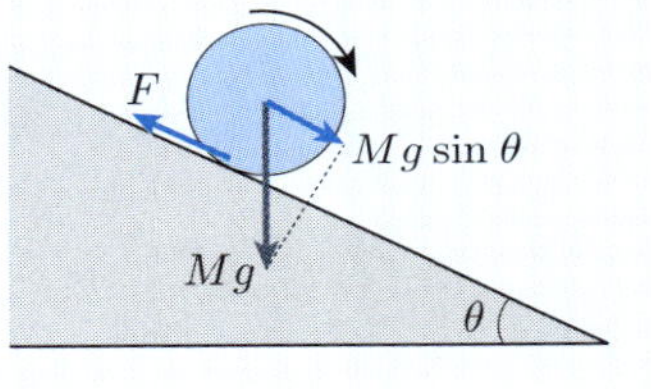


次に同じ問題を運動方程式から考えてみよう．転がる円柱は，(1) 円柱の中心軸の周りの回転運動，および，(2) 斜面に沿った並進運動，の自由度 2 の運動である．

まず回転運動について考えてみよう．回転軸の向きは変わらないので，角運動量と力のモーメントに関しては，回転軸方向の成分だけを考慮すればよい．角運動量については，物理振り子で (7.19) 式を導出したときと同じ議論により，その値は $I_c\omega$ である．ここで，$I_c$ は回転軸に関する慣性モーメントである．力のモーメントについては，重力と摩擦力の 2 つの外力を考慮しなければならない．重力による力のモーメントは，質量中心に全質量 $M$ が集中していると考えてよかった．回転軸は質量中心を含むので，重力による力のモーメントは (回転軸から質量中心までの距離) × 重力 $= 0 \times Mg = 0$ と計算される．また，摩擦力 $F$ による力のモーメントは (回転軸から斜面との接点までの距離) × 摩擦力 $= R \times F = RF$ となる．以上より，回転の運動方程式

$$I_c\,\frac{d\omega}{dt} = RF \tag{7.23}$$

が求まる．

次に並進運動を考えよう．質点 $i$ の速度を $\boldsymbol{v}_i$，それにはたらく外力を $\boldsymbol{f}_i$ としたとき，質点 $i$ の運動方程式は $\frac{d}{dt}(m_i\boldsymbol{v}_i) = \boldsymbol{f}_i$ となる．$i$ について和をとると，全運動量に関する運動方程式

$$\sum_{i=1}^{N} \frac{d(m_i\boldsymbol{v}_i)}{dt} = M\,\frac{d\dot{\boldsymbol{r}}_c}{dt} = \sum_{i=1}^{N} \boldsymbol{f}_i$$

を得る．この運動方程式は，質量中心の位置に全質量を集中させることによって得られる質点に，すべての外力の合力がはたらいている場合の運動方程式と同等であることに注意しよう．質量中心は斜面から距離 $R$ の位置を，斜面に沿って 1 次元的に移動するので，速度も外力も斜面に沿った成分のみを考慮すればよい．したがって，外力の斜面成分の和は，斜面下向きを正の向きとして

$$\sum_{i=1}^{N} m_i g \sin\theta - F = Mg\sin\theta - F$$

となる．質量中心の速度ベクトルの，斜面に沿った成分を $v$ とすると，並進運動の運動方程式は

$$M\frac{dv}{dt} = Mg\sin\theta - F \tag{7.24}$$

となる．(7.24) 式から求まる $F$ の表式を，(7.23) 式に代入し，円柱が滑らないための条件 $v = R\omega$ を使うと

$$I_{\mathrm{c}}\frac{d\omega}{dt} = \frac{I_{\mathrm{c}}}{R}\dot{v} = RF = R(Mg\sin\theta - M\dot{v})$$

$$\Longleftrightarrow \quad \dot{v} = \left(\frac{1}{1+\frac{I_{\mathrm{c}}}{MR^2}}\right) g\sin\theta$$

となり，再び (7.22) 式を得ることができた．

**基本 例題 7.3**

角度 $\theta$ の斜面を落下する質量 $m$ の質点の加速度は，摩擦および空気抵抗を考慮しなければ，質点にはたらく重力の斜面方向の成分 $mg\sin\theta$ を質点の質量で割った $g\sin\theta$ に等しい．円柱が同じ斜面を転げ落ちるときの質量中心の加速度は，この値よりも大きいか小さいか答えよ．その大小の違いは何が原因で生じるのかを考察せよ．

**【解答】** 円柱の中心軸を回転軸とする慣性モーメントは $I_{\mathrm{c}} = \frac{1}{2}MR^2$ なので，円柱が滑らずに転げ落ちるときの加速度は

$$\left(\frac{1}{1+\frac{I_{\mathrm{c}}}{MR^2}}\right) g\sin\theta = \left(\frac{1}{1+\frac{1}{2}}\right) g\sin\theta = \frac{2}{3}g\sin\theta.$$

円柱の落下加速度は，質点のそれと比較して $\frac{2}{3}$ の大きさになっている．質点が

落下する場合，位置エネルギーのすべてが並進運動の運動エネルギーに変換されるが，円柱の場合は**位置エネルギーが並進運動と回転運動の両方に分配される**ため，円柱の落下加速度の方が小さくなる．■

## 第7章　演習問題

**7.1**　横幅が $a$，縦の長さが $b$ の長方形の板がある．板の質量は $M$ で，均一であると仮定すると，面密度は $\rho = \frac{M}{ab}$ となり，位置によらない．この板を $x$–$y$ 平面上に，板の横方向が $x$ 軸と平行で，かつ，その（質量）中心が原点 O に一致するように配置する．板の $z$ 軸に関する慣性モーメント $I_z$ を，以下の手順に従って求めよ．

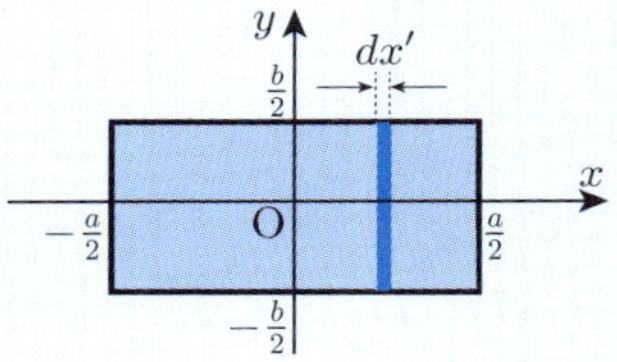


(1)　長方形を $y$ 軸に平行で，幅が微小長さ $dx'$ の短冊に切りわける．この短冊の中で，原点 O を含むものの $z$ 軸に関する慣性モーメント $dI_{\mathrm{c}}$ を，面密度 $\rho$ を使って求めよ．

(2)　$x$ 座標が $x'$ である，別の（同じ寸法の）短冊の $z$ 軸に関する慣性モーメント $dI_z$ を平行軸の定理を使って求めよ．

(3)　小問 (2) で求めた $dI_z$ を積分して $I_z$ を計算し，それを $M, a, b$ で表せ．

(4)　板の $x$ 軸と $y$ 軸に関する慣性モーメントを，それぞれ $I_x, I_y$ とする．直交軸の定理より $I_z = I_x + I_y$ が成り立つ．これと，小問 (3) の答えを参考に，計算をしないで $I_x$ および $I_y$ の値を予想せよ．

(5)　小問 (2) で考えた短冊の $I_y$ への寄与 $dI_y$ を求め，それをもとに $I_y$ を求めよ．

**7.2**　半径 $R$，質量 $M$ の球の，その中心を通る軸に関する慣性モーメントは $I = \frac{2}{5}MR^2$ である．球の中心が $xyz$ 座標の原点に位置するとし，以下の方法で，この慣性モーメントを求めよ．球の質量は均一に分布していると仮定し，位置によらない球の体積密度を $\rho$ $\left(= \frac{M}{4\pi R^3/3}\right)$ とする．

(1)　同じ軸に関する慣性モーメントは足し算が可能なことを利用し，球を薄い円板の積み重ねであるとみなして計算する．

(2)　$x$ 軸，$y$ 軸，および $z$ 軸に関する，それぞれの慣性モーメント $I_x, I_y, I_z$ は，対称性より $I = I_x = I_y = I_z$ である．$I_x, I_y, I_z$ のそれぞれについて，体積積分の表式を求め，次に，$I = \frac{1}{3}(I_x + I_y + I_z)$ の 3 重積分を計算する．

**7.3**　半径 $a$ の円が水平面を滑らずに転がるときの，円周上の 1 点が描く軌道を考えてみよう．この軌道は，一定の角速度 $\omega$ で時計回りに回転する円運動と，速度 $v = a\omega$ で右向きに進む並進運動の重ね合わせとみなすことができる．水平右向きを $x$ 軸の正の向き，鉛直上向きを $y$ 軸の正の向きとする．円は水平面である $x$ 軸に常に接していて，時刻 $t = 0$ に円の中心が $y$ 軸上にあったとすると，$t = 0$ に原点 O に接していた円上の点の軌道は

$$\begin{pmatrix} x \\ y \end{pmatrix} = \begin{pmatrix} a\cos\left(-\omega t + \frac{3}{2}\pi\right) \\ a\sin\left(-\omega t + \frac{3}{2}\pi\right) + a \end{pmatrix} + \begin{pmatrix} a\omega t \\ 0 \end{pmatrix} = \begin{pmatrix} a\omega t - a\sin\omega t \\ a - a\cos\omega t \end{pmatrix}$$

と表すことができる．ここで $\omega t$ を $\phi$ に置き換えると

$$x = a(\phi - \sin\phi), \quad y = a(1 - \cos\phi) \tag{7.25}$$

を得る．(7.25) 式が描く軌道を**サイクロイド**という．

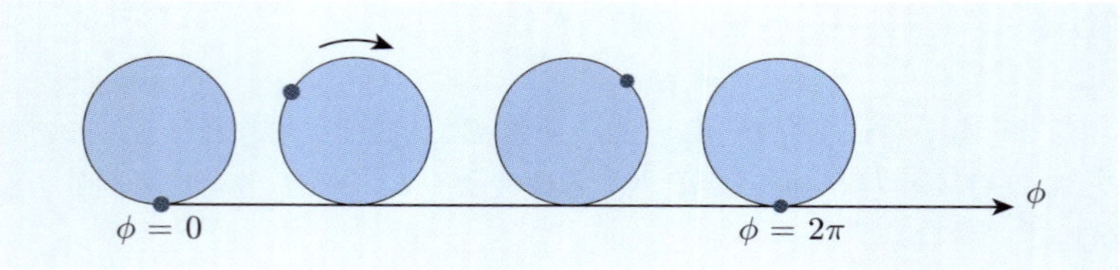


(1)　軌道が水平面に接するときの $\phi$，すなわち，(7.25) 式で $y = 0$ となる $\phi$ を求めよ．

(2)　$\frac{dy}{dx}$ を $a$ および $\phi$ を使って表せ．

(3)　軌道が水平面に接するときの軌道の傾き，すなわち，$y = 0$ における $\frac{dy}{dx}$ の値を求めよ．

**7.4**　水平面を一定の速さで滑らずに転がっていた円柱が，水平面と滑らかに接続した上り斜面に差し掛かり，転がりながら上り始めた．斜面にある程度の摩擦力が存在すれば，円柱は滑らずに斜面を転がり上るが，斜面が滑らかになり摩擦力が小さくなると円柱は滑りながら転がり上る．水平面を転がる速さは同じであるとして，滑らずに斜面を上る場合と，滑りながら上る場合とでは，どちらが高い位置まで到達できるかを考察せよ．

**7.5**　質量 $M$ で，内径 $R_1$，外径 $R_2$ $(> R_1)$ の中空の均一な密度をもつ円柱が，角度 $\theta$ の斜面を滑らずに転がり落ちる．

(1)　円柱の斜面方向の落下加速度を求めよ．

(2)　円柱は，始めその中心が水平面から高さ $h$ の位置で静止していた．時刻 $t = 0$ に円柱が転がり始め，斜面を転がり落ちた後は，斜面と滑らかにつながった水平面を，滑らずに等速度で転がり続けた．水平面上での円柱の進行速度を求めよ．

# 付録 数学公式

力学でよく使われる数学公式を以下にまとめる．

## A.1 ベクトル

### A.1.1 大きさと和

**ベクトル** $\boldsymbol{a} = (a_x, a_y, a_z)$ の大きさは

$$a = |\boldsymbol{a}| = \sqrt{a_x^2 + a_y^2 + a_z^2}.$$

$\boldsymbol{b} = (b_x, b_y, b_z)$ とすると

$$\boldsymbol{a} + \boldsymbol{b} = (a_x + b_x, a_y + b_y, a_z + b_z).$$

また，$c$ をスカラー量として

$$c(\boldsymbol{a} + \boldsymbol{b}) = c\boldsymbol{a} + c\boldsymbol{b}$$

が成り立つ．

### A.1.2 スカラー積（内積）

ベクトル $\boldsymbol{a}, \boldsymbol{b}$ のなす角度を $\theta$ としたとき，ベクトルの**スカラー積**（**内積**）は

$$\boldsymbol{a} \cdot \boldsymbol{b} = |\boldsymbol{a}||\boldsymbol{b}| \cos\theta = a_x b_x + a_y b_y + a_z b_z.$$

ベクトル $\boldsymbol{a}, \boldsymbol{b}$ が**直交関係**にあるとき

$$\boldsymbol{a} \cdot \boldsymbol{b} = 0.$$

また，スカラー積の基本的性質として以下が挙げられる：

(1)　$\boldsymbol{a} \cdot \boldsymbol{b} = \boldsymbol{b} \cdot \boldsymbol{a}$

(2)　$\boldsymbol{a} \cdot (\boldsymbol{b} + \boldsymbol{c}) = \boldsymbol{a} \cdot \boldsymbol{b} + \boldsymbol{a} \cdot \boldsymbol{c}$

(3)　$c(\boldsymbol{a} \cdot \boldsymbol{b}) = (c\boldsymbol{a}) \cdot \boldsymbol{b} = \boldsymbol{a} \cdot (c\boldsymbol{b})$　（$c$ はスカラー量）

(4)　$\boldsymbol{a} \cdot \boldsymbol{a} = |\boldsymbol{a}|^2 \geq 0$,　$\boldsymbol{a} \cdot \boldsymbol{a} = 0$ ならば $\boldsymbol{a} = 0$

### A.1.3 ベクトル積（外積）

ベクトル $\boldsymbol{a}, \boldsymbol{b}$ の**ベクトル積**（**外積**）$\boldsymbol{a}\times\boldsymbol{b}$ は，大きさが

$$|\boldsymbol{a}\times\boldsymbol{b}| = |\boldsymbol{a}||\boldsymbol{b}||\sin\theta|$$

で，$\boldsymbol{a}$ の向きから $\boldsymbol{b}$ の向きに右ねじを回したときに右ねじが進む方向を向いたベクトルであり，その各成分は

$$\boldsymbol{a}\times\boldsymbol{b} = \begin{vmatrix} \widehat{\boldsymbol{x}} & \widehat{\boldsymbol{y}} & \widehat{\boldsymbol{z}} \\ a_x & a_y & a_z \\ b_x & b_y & b_z \end{vmatrix} = (a_y b_z - a_z b_y, a_z b_x - a_x b_z, a_x b_y - a_y b_x).$$

また，ベクトル積の基本的性質として以下が挙げられる：

(1) $\boldsymbol{a}\times\boldsymbol{b} = -\boldsymbol{b}\times\boldsymbol{a}$

(2) $\boldsymbol{a}\times(\boldsymbol{b}+\boldsymbol{c}) = \boldsymbol{a}\times\boldsymbol{b}+\boldsymbol{a}\times\boldsymbol{c}$

(3) $c(\boldsymbol{a}\times\boldsymbol{b}) = (c\boldsymbol{a})\times\boldsymbol{b} = \boldsymbol{a}\times(c\boldsymbol{b})$ （$c$ はスカラー量）

(4) $\boldsymbol{a}\times\boldsymbol{a} = 0$

## A.2 微　　分

### A.2.1 定　　義

$x$ を変数とする関数 $f(x)$ に対し

$$\frac{df}{dx} = \lim_{h\to 0}\frac{f(x+h)-f(x)}{h}$$

で定義される $\frac{df}{dx}$ を $f(x)$ の $x$ に関する**微分**または**導関数**という．これを $f'(x)$ とも表記する．

### A.2.2 関数の積の微分

$u$ および $v$ がともに $x$ を変数とする関数であるとき，それらの積 $uv$ の微分は

$$\begin{aligned}
(uv)' &= \lim_{h\to 0}\frac{u(t+h)v(t+h)-u(t)v(t)}{h} \\
&= \lim_{h\to 0}\frac{u(t+h)v(t+h)-u(t)v(t+h)+u(t)v(t+h)-u(t)v(t)}{h} \\
&= \lim_{h\to 0}\left\{\frac{u(t+h)-u(t)}{h}v(t+h)+u(t)\frac{v(t+h)-v(t)}{h}\right\} \\
&= u'v+uv'
\end{aligned}$$

のように，$u$ と $v$ の微分 $u'$, $v'$ を使って表すことができる．

# A.3 三角関数

## A.3.1 微　　分

よく知られた sin 関数の極限値

$$\lim_{h\to 0}\frac{\sin h}{h}=1$$

と，三角関数の和 → 積の公式を使うと，sin 関数と cos 関数の微分は，定義より

$$\begin{aligned}(\sin t)' &= \lim_{h\to 0}\frac{\sin(t+h)-\sin t}{h}=\lim_{h\to 0}\frac{2\cos\left(t+\frac{h}{2}\right)\sin\frac{h}{2}}{h}\\ &=\lim_{h\to 0}\cos\left(t+\frac{h}{2}\right)\frac{\sin\frac{h}{2}}{\frac{h}{2}}=\cos t.\\ (\cos t)' &= \lim_{h\to 0}\frac{\cos(t+h)-\cos t}{h}=\lim_{h\to 0}\frac{-2\sin\left(t+\frac{h}{2}\right)\sin\frac{h}{2}}{h}\\ &=-\lim_{h\to 0}\sin\left(t+\frac{h}{2}\right)\frac{\sin\frac{h}{2}}{\frac{h}{2}}=-\sin t.\end{aligned}$$

と計算される．

## A.3.2 加法定理

$$\sin(\theta\pm\varphi)=\sin\theta\cos\varphi\pm\cos\theta\sin\varphi \quad （複号同順）$$

$$\cos(\theta\pm\varphi)=\cos\theta\cos\varphi\mp\sin\theta\sin\varphi \quad （複号同順）$$

## A.3.3 ピタゴラスの定理

$$\sin^2\theta+\cos^2\theta=1$$

## A.3.4 そ の 他

- $\sin(-\theta)=-\sin\theta,\quad \cos(-\theta)=\cos\theta,\quad \tan\theta=\dfrac{\sin\theta}{\cos\theta}$

また，以下の公式もよく使われる．これらは，加法定理とピタゴラスの定理を組み合わせれば導くことができる．

- $\sin 2\theta=2\sin\theta\cos\theta$
- $\cos 2\theta=\cos^2\theta-\sin^2\theta=1-2\sin^2\theta=2\cos^2\theta-1$
- $\sin\dfrac{\theta}{2}=\pm\sqrt{\dfrac{1-\cos\theta}{2}}$
- $\cos\dfrac{\theta}{2}=\pm\sqrt{\dfrac{1+\cos\theta}{2}}$

- $\sin\theta\sin\varphi = -\dfrac{1}{2}\{\cos(\theta+\varphi) - \cos(\theta-\varphi)\}$

- $\cos\theta\cos\varphi = \dfrac{1}{2}\{\cos(\theta+\varphi) + \cos(\theta-\varphi)\}$

- $\sin\theta\cos\varphi = \dfrac{1}{2}\{\sin(\theta+\varphi) + \sin(\theta-\varphi)\}$

- $\sin\theta + \sin\varphi = 2\sin\dfrac{\theta+\varphi}{2}\cos\dfrac{\theta-\varphi}{2}$

- $\cos\theta + \cos\varphi = 2\cos\dfrac{\theta+\varphi}{2}\cos\dfrac{\theta-\varphi}{2}$

## A.4　対数関数

### A.4.1　定　　義

$x = a^y$ の関係があるとき，$y$ を「$a$ を底とする $x$ の対数」といい

$$y = \log_a x$$

と表記する．

### A.4.2　和 と 差

$$\log_a b + \log_a c = \log_a(bc), \quad \log_a b - \log_a c = \log_a\left(\frac{b}{c}\right)$$

### A.4.3　微　　分

対数関数の微分を定義に従って計算すると

$$\begin{aligned} y' &= \lim_{h\to 0}\frac{\log_a(x+h) - \log_a x}{h} = \lim_{h\to 0}\frac{\log_a\left(1+\frac{h}{x}\right)}{h} \\ &= \frac{1}{x}\lim_{h\to 0}\frac{\log_a\left(1+\frac{h}{x}\right)}{\frac{h}{x}} = \frac{1}{x}\lim_{h\to 0}\log_a\left(1+\frac{h}{x}\right)^{\frac{x}{h}}. \end{aligned} \tag{A.1}$$

ここで，以下の極限で定義される数を導入する：

$$e = \lim_{t\to\infty}\left(1+\frac{1}{t}\right)^t.$$

$e$ は $2.71828\cdots$ の値をもつ無理数で，**自然対数の底**，または**ネイピア数**とよばれる．$\frac{x}{h} = t$ として (A.1) 式を書き直すと，対数関数の微分が

$$y' = \frac{1}{x}\lim_{t\to\infty}\log_a\left(1+\frac{1}{t}\right)^t = \frac{1}{x}\log_a e$$

と求まる．特に，$e$ を底とする対数を**自然対数**とよび，$\ln x$（$\equiv \log_e x$）と表記する．$\ln x$ の微分は $\frac{1}{x}$ である：

$$(\ln x)' = \frac{1}{x}.$$

# A.5 指数関数

## A.5.1 微　　分

指数関数 $y = e^x$ の両辺について対数をとり，微分すると

$$\begin{aligned} \frac{d}{dx}\ln y = \frac{1}{y}\frac{dy}{dx} = \frac{d}{dx}\ln e^x = \frac{d}{dx}x = 1 \\ \Longrightarrow \quad y' = y = e^x. \end{aligned}$$

つまり，指数関数 $e^x$ の導関数は自分自身である．

# A.6 マクローリン展開，テイラー展開

何回でも**微分可能な関数** $f(x)$ に対して，$n = 1, 2, 3, \ldots$ として $n$ 階導関数 $\frac{d^n f(x)}{dx^n}$ を $f^{(n)}(x)$ と書くことにする．特に $f^{(1)}(x) = f'(x)$, $f^{(2)}(x) = f''(x)$ と記す．このとき

$$\begin{aligned} f(x) &= f(x_0) + f'(x_0)(x - x_0) + \frac{1}{2!}f''(x_0)(x - x_0)^2 + \cdots \\ &= \sum_{n=0}^{\infty}\frac{1}{n!}f^{(n)}(x_0)(x - x_0)^n \end{aligned} \tag{A.2}$$

を，$x = x_0$ の周りでの**テイラー展開**という．特に $x_0 = 0$ のとき**マクローリン展開**とよぶ．（ただし，$0! = 1$ と定義する．）

## A.6.1 三角関数のマクローリン展開

$$\cos x = 1 - \frac{1}{2!}x^2 + \frac{1}{4!}x^4 - \frac{1}{6!}x^6 + \cdots = \sum_{n=0}^{\infty}\frac{(-1)^n}{(2n)!}x^{2n}$$

$$\sin x = x - \frac{1}{3!}x^3 + \frac{1}{5!}x^5 - \frac{1}{7!}x^7 + \cdots = \sum_{n=0}^{\infty}\frac{(-1)^n}{(2n+1)!}x^{2n+1}$$

## A.6.2 指数関数のマクローリン展開

$$e^x = 1 + x + \frac{1}{2!}x^2 + \frac{1}{3!}x^3 + \frac{1}{4!}x^4 + \cdots = \sum_{n=0}^{\infty}\frac{1}{n!}x^n$$

### A.6.3　オイラーの公式

指数関数のマクローリン展開より

$$\begin{aligned} e^{ix} &= 1 + ix - \frac{1}{2!}x^2 - i\frac{1}{3!}x^3 + \frac{1}{4!}x^4 + i\frac{1}{5!}x^5 - \frac{1}{6!}x^6 - \cdots \\ &= \left(1 - \frac{1}{2!}x^2 + \frac{1}{4!}x^4 - \frac{1}{6!}x^6 + \cdots\right) + i\left(x - \frac{1}{3!}x^3 + \frac{1}{5!}x^5 - \cdots\right) \\ &= \cos x + i\sin x. \end{aligned}$$

ここで $i$ は $i^2 = -1$ を満たす**虚数単位**である．関係式

$$e^{ix} = \cos x + i\sin x$$

を**オイラーの公式**という．

### A.6.4　近　似　式

関数 $f(x)$ について，$x = x_0$ における値 $f(x_0)$ が既知であるとき，$x = x_0 + \Delta x$（ただし $\Delta x \ll 1$）における値 $f(x_0 + \Delta x)$ が知りたいとする．$x = x_0 + \Delta x$ を (A.2) 式に代入すると

$$f(x_0 + \Delta x) = f(x_0) + f'(x_0)\,\Delta x + \frac{1}{2!}f''(x_0)(\Delta x)^2 + \cdots$$

のように，$f(x_0 + \Delta x)$ が $\Delta x$ のべき乗展開の形で与えられる．この表式において，$\Delta x$ のべき乗の項を，必要な精度までで打ち切れば，その精度での $f(x_0 + \Delta x)$ の近似式を得ることができる．例えば，$\Delta x$ の1次の近似式は

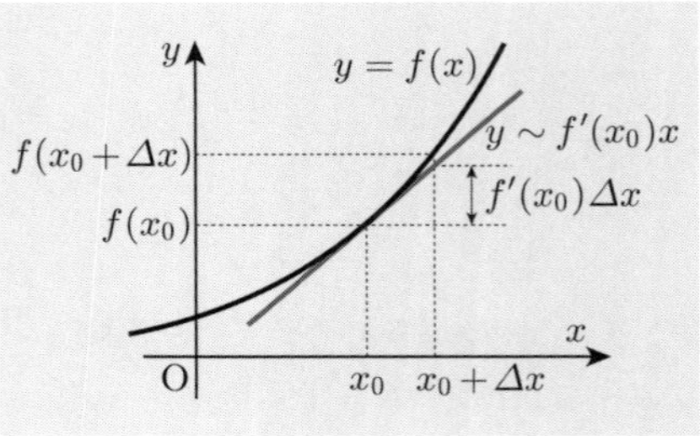


$$f(x_0 + \Delta x) \simeq f(x_0) + f'(x_0)\,\Delta x$$

で与えられる．これは図に示すように $f(x_0 + \Delta x)$ の値の $f(x_0)$ からのずれを，$x$ の1次関数（直線）により $f'(x_0)\,\Delta x$ だけ補正したものと解釈できる．同様に，2次の精度の近似式は

$$f(x_0 + \Delta x) \simeq f(x_0) + f'(x_0)\,\Delta x + \frac{1}{2!}f''(x_0)(\Delta x)^2,$$

3次の精度の近似式は

$$f(x_0 + \Delta x) \simeq f(x_0) + f'(x_0)\,\Delta x + \frac{1}{2!}f''(x_0)(\Delta x)^2 + \frac{1}{3!}f^{(3)}(x_0)(\Delta x)^3$$

で与えられる．

## A.7　多変数関数の微分

### A.7.1　偏　微　分

2つ以上の変数をもつ関数について，変数の1つだけを変化させ，その変数に関して微分することを**偏微分**という．例えば，$x$ と $y$ の2変数関数 $f(x,y)$ の偏微分は

$$\frac{\partial f}{\partial x} = \lim_{h \to 0} \frac{f(x+h,y) - f(x,y)}{h}, \quad \frac{\partial f}{\partial y} = \lim_{h \to 0} \frac{f(x,y+h) - f(x,y)}{h}$$

で定義される．ある変数について偏微分を行うとき，残りの変数は定数とみなしてかまわない．どの変数で微分を行うかを明確にするため，例えば，$y$ が一定の下での $x$ に関する偏微分を

$$\left(\frac{\partial f(x,y)}{\partial x}\right)_y$$

と書くことがある．

### A.7.2　全　微　分

1変数関数 $f(x)$ に対して，$dx \to 0$ の極限で

$$\frac{f(x+dx) - f(x)}{dx} = \frac{df}{dx} \quad (dx \to 0)$$

であるので，変数 $x$ が $dx$ だけ微小変化するときの $f(x)$ の変化 $df$ は

$$df = f(x+dx) - f(x) = \frac{f(x+dx) - f(x)}{dx}\,dx = \frac{df}{dx}\,dx \quad (dx \to 0)$$

で与えられることになる．2変数関数 $f(x,y)$ の場合も，$y$ が一定の下で，$x$ を微小変化させたときの $f(x,y)$ の変化は

$$\begin{aligned} df &= f(x+dx,y) - f(x,y) = \frac{f(x+dx,y) - f(x,y)}{dx}\,dx \\ &= \left(\frac{\partial f}{\partial x}\right)_y dx \quad (dx \to 0) \end{aligned}$$

で与えられる．また，$x$ が一定の下で，$y$ を微小変化させたときの $f(x,y)$ の変化は

$$\begin{aligned} df &= f(x,y+dy) - f(x,y) = \frac{f(x,y+dy) - f(x,y)}{dy}\,dy \\ &= \left(\frac{\partial f}{\partial y}\right)_x dy \quad (dy \to 0) \end{aligned}$$

で与えられる．$x$ と $y$ がともに微小変化したときの $f(x,y)$ の変化は

$$\begin{aligned} df &= f(x+dx,y+dy) - f(x,y) \\ &= f(x+dx,y+dy) - f(x,y+dy) + f(x,y+dy) - f(x,y) \end{aligned}$$

$$= \frac{f(x+dx, y+dy) - f(x, y+dy)}{dx} dx + \frac{f(x, y+dy) - f(x, y)}{dy} dy.$$

この式は，$dx, dy \to 0$ で

$$df = \left(\frac{\partial f}{\partial x}\right)_y dx + \left(\frac{\partial f}{\partial y}\right)_x dy \tag{A.3}$$

となる．(A.3) 式の $df$ を**全微分**という．3 変数関数 $f(x, y, z)$ の全微分も同様に求めることができ，結果は

$$df = \left(\frac{\partial f}{\partial x}\right)_{y,z} dx + \left(\frac{\partial f}{\partial y}\right)_{x,z} dy + \left(\frac{\partial f}{\partial z}\right)_{x,y} dz$$

となる．

# 演習問題解答

## 第1章

**1.1** (1) 重い球に軽い球を接続したものは，重い球だけのときよりも質量が大きくなるため，落下速度も重い球だけのときより大きくなる，と考えられる．その一方で，落下速度が小さな軽い球が，接続された重い球の落下速度を緩和し，全体として重い球だけのときの落下速度よりは小さくなる，と考えることもできる．

(2) 短くても糸の長さがいくらかはある場合，2 つの球は同じ速度で落下するが，糸の長さが零になった瞬間に，2 つの球はそれまでよりも速く落下することになる．

## 第2章

**2.1** (1) $f(x) = x^{-1}$ および $x(t) = \cos t$ とすると，$\frac{df}{dx} = -x^{-2}$，$\frac{dx}{dt} = -\sin t$ である．よって

$$\frac{d}{dt}(\cos t)^{-1} = \frac{d}{dt} f\bigl(x(t)\bigr) = \frac{dx}{dt}\,\frac{df}{dx} = -\sin t \cdot (-x^{-2}) = \frac{\sin t}{\cos^2 t}.$$

(2) 積の導関数の式 (2.3) と小問 (1) の答えを使うと

$$\begin{aligned}(\tan t)' &= \bigl\{\sin t \times (\cos t)^{-1}\bigr\}' = (\sin t)'(\cos t)^{-1} + \sin t\bigl\{(\cos t)^{-1}\bigr\}' \\ &= \cos t(\cos t)^{-1} + \sin t\,\frac{\sin t}{\cos^2 t} = 1 + \left(\frac{\sin t}{\cos t}\right)^2 \\ &= \frac{\cos^2 t + \sin^2 t}{\cos^2 t} = \frac{1}{\cos^2 t}.\end{aligned}$$

**2.2** (1) (2.3) 式の両辺を $t$ で積分すると

$$\int (uv)'\,dt = \int u'v\,dt + \int uv'\,dt \quad\Longrightarrow\quad uv = \int u'v\,dt + \int uv'\,dt$$

$$\Longrightarrow\quad \int u'v\,dt = uv - \int uv'\,dt.$$

(2) 部分積分を行うと

$$\int \ln t\,dt = \int t' \ln t\,dt = t\ln t - \int t\,\frac{1}{t}\,dt = t\ln t - t + C$$

と求まる．ここで $C$ は積分定数である．

**2.3** (1) i.

$$\frac{d}{dt}(f\boldsymbol{r}) = \lim_{\Delta t\to 0}\frac{f(t+\Delta t)\boldsymbol{r}(t+\Delta t) - f(t)\boldsymbol{r}(t)}{\Delta t}$$
$$= \lim_{\Delta t\to 0}\frac{1}{\Delta t}\left\{\left(f+\frac{df}{dt}\Delta t\right)\left(\boldsymbol{r}+\frac{d\boldsymbol{r}}{dt}\Delta t\right) - f\boldsymbol{r}\right\}$$
$$= \lim_{\Delta t\to 0}\frac{1}{\Delta t}\left(f\frac{d\boldsymbol{r}}{dt}\Delta t + \frac{df}{dt}\boldsymbol{r}\,\Delta t + \frac{df}{dt}\frac{d\boldsymbol{r}}{dt}(\Delta t)^2\right) = \frac{df}{dt}\boldsymbol{r} + f\frac{d\boldsymbol{r}}{dt}.$$

ii.

$$\frac{d}{dt}(\boldsymbol{a}\cdot\boldsymbol{b}) = \lim_{\Delta t\to 0}\frac{\boldsymbol{a}(t+\Delta t)\cdot\boldsymbol{b}(t+\Delta t) - \boldsymbol{a}(t)\cdot\boldsymbol{b}(t)}{\Delta t}$$
$$= \lim_{\Delta t\to 0}\frac{1}{\Delta t}\left\{\left(\boldsymbol{a}+\frac{d\boldsymbol{a}}{dt}\Delta t\right)\cdot\left(\boldsymbol{b}+\frac{d\boldsymbol{b}}{dt}\Delta t\right) - \boldsymbol{a}\cdot\boldsymbol{b}\right\}$$
$$= \lim_{\Delta t\to 0}\frac{1}{\Delta t}\left(\boldsymbol{a}\cdot\frac{d\boldsymbol{b}}{dt}\Delta t + \frac{d\boldsymbol{a}}{dt}\cdot\boldsymbol{b}\,\Delta t + \frac{d\boldsymbol{a}}{dt}\cdot\frac{d\boldsymbol{b}}{dt}(\Delta t)^2\right)$$
$$= \frac{d\boldsymbol{a}}{dt}\cdot\boldsymbol{b} + \boldsymbol{a}\cdot\frac{d\boldsymbol{b}}{dt}.$$

(2) 小問 (1) ii. の答えを使うと

$$\frac{d}{dt}\left|\boldsymbol{v}(t)\right|^2 = \frac{d}{dt}(\boldsymbol{v}\cdot\boldsymbol{v}) = \frac{d\boldsymbol{v}}{dt}\cdot\boldsymbol{v} + \boldsymbol{v}\cdot\frac{d\boldsymbol{v}}{dt} = 2\dot{\boldsymbol{v}}\cdot\boldsymbol{v}$$

と求まる．

**2.4** (1) 重力と糸の張力の大きさが等しいので $T = mg$．その張力と杭が糸を引く力の大きさが等しいので，$F = T = mg$ である．

(2) 重力ベクトルを，斜面に平行な成分（大きさ $mg\sin\theta$）と，斜面に垂直な成分（大きさ $mg\cos\theta$）に分解する．前者は摩擦力とつり合い，後者は垂直抗力とつり合う．よって，$f = mg\sin\theta$ および $N = mg\cos\theta$ である．（図 (a)）

(3) 物体にはたらく力のうち，水平方向の力のつり合いの式より $F_{//} = T\sin\theta$ が求まる．また，鉛直方向の力のつり合いの式より $F_{\perp} + T\cos\theta = mg \Longrightarrow F_{\perp} = mg - T\cos\theta$ である．（図 (b)）

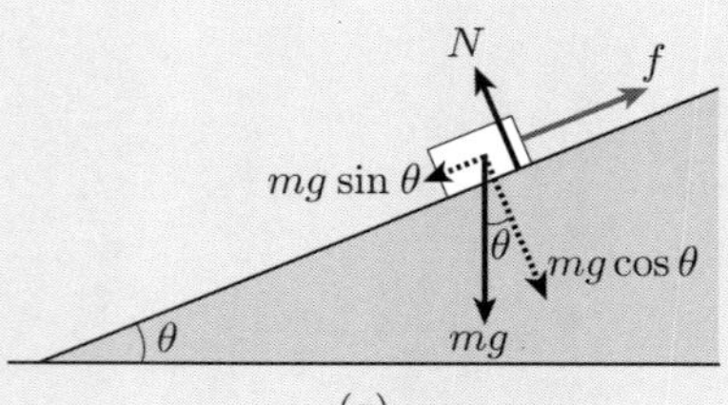

(a)

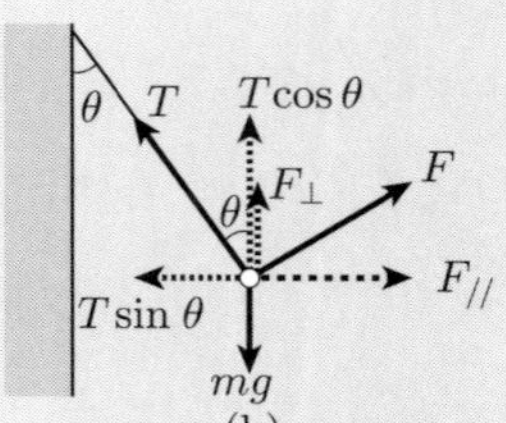

(b)

**2.5** (1) $\widehat{\boldsymbol{r}}$ の $x$ 成分は $\cos\theta$ であり，$y$ 成分は $\sin\theta$ である．また，$\widehat{\boldsymbol{\theta}}$ の $x$ 成分は $-\sin\theta$ であり，$y$ 成分は $\cos\theta$ である．以上より

$$\widehat{\boldsymbol{r}} = \cos\theta\widehat{\boldsymbol{x}} + \sin\theta\widehat{\boldsymbol{y}}, \quad \widehat{\boldsymbol{\theta}} = -\sin\theta\widehat{\boldsymbol{x}} + \cos\theta\widehat{\boldsymbol{y}}.$$

(2) 小問 (1) の答えを時間で微分する．ここで $\theta$ は時間の関数 $\theta(t)$ であるので，$\cos\theta$ の時間に関する微分は合成関数の微分により

$$\frac{d}{dt}\cos\theta = \frac{d\theta}{dt}\frac{d}{d\theta}\cos\theta = -\dot{\theta}\sin\theta.$$

同様に $\frac{d}{d\theta}\sin\theta = \dot{\theta}\cos\theta$ である．以上より

$$\begin{aligned}\dot{\widehat{\boldsymbol{r}}} &= -\dot{\theta}\sin\theta\widehat{\boldsymbol{x}} + \dot{\theta}\cos\theta\widehat{\boldsymbol{y}} = \dot{\theta}(-\sin\theta\widehat{\boldsymbol{x}} + \cos\theta\widehat{\boldsymbol{y}}) = \dot{\theta}\widehat{\boldsymbol{\theta}}, \\ \dot{\widehat{\boldsymbol{\theta}}} &= -\dot{\theta}\cos\theta\widehat{\boldsymbol{x}} - \dot{\theta}\sin\theta\widehat{\boldsymbol{y}} = -\dot{\theta}(\cos\theta\widehat{\boldsymbol{x}} + \sin\theta\widehat{\boldsymbol{y}}) = -\dot{\theta}\widehat{\boldsymbol{r}}\end{aligned}$$

と計算される．

(3) 質点の速度ベクトルは

$$\dot{\boldsymbol{r}} = \dot{r}\widehat{\boldsymbol{r}} + r\dot{\widehat{\boldsymbol{r}}} = \dot{r}\widehat{\boldsymbol{r}} + r\dot{\theta}\widehat{\boldsymbol{\theta}}.$$

加速度ベクトルは

$$\ddot{\boldsymbol{r}} = \ddot{r}\widehat{\boldsymbol{r}} + \dot{r}\dot{\widehat{\boldsymbol{r}}} + \frac{d}{dt}\{r\dot{\theta}\widehat{\boldsymbol{\theta}}\}.$$

ここで

$$\frac{d}{dt}\{r\dot{\theta}\widehat{\boldsymbol{\theta}}\} = \frac{d(r\dot{\theta})}{dt}\widehat{\boldsymbol{\theta}} + r\dot{\theta}\frac{d}{dt}\widehat{\boldsymbol{\theta}} = (\dot{r}\dot{\theta} + r\ddot{\theta})\widehat{\boldsymbol{\theta}} + r\dot{\theta}\dot{\widehat{\boldsymbol{\theta}}}$$

より

$$\begin{aligned}\ddot{\boldsymbol{r}} &= \ddot{r}\widehat{\boldsymbol{r}} + \dot{r}\dot{\widehat{\boldsymbol{r}}} + \dot{r}\dot{\theta}\widehat{\boldsymbol{\theta}} + r\ddot{\theta}\widehat{\boldsymbol{\theta}} + r\dot{\theta}\dot{\widehat{\boldsymbol{\theta}}} = \ddot{r}\widehat{\boldsymbol{r}} + \dot{r}\dot{\theta}\widehat{\boldsymbol{\theta}} + \dot{r}\dot{\theta}\widehat{\boldsymbol{\theta}} + r\ddot{\theta}\widehat{\boldsymbol{\theta}} - r\dot{\theta}^2\widehat{\boldsymbol{r}} \\ &= (\ddot{r} - r\dot{\theta}^2)\widehat{\boldsymbol{r}} + (2\dot{r}\dot{\theta} + r\ddot{\theta})\widehat{\boldsymbol{\theta}} = (\ddot{r} - r\dot{\theta}^2)\widehat{\boldsymbol{r}} + \frac{1}{r}\frac{d}{dt}(r^2\dot{\theta})\widehat{\boldsymbol{\theta}}\end{aligned}$$

と求まる．

## 第3章

**3.1** (1) 与式を $v_z$ と $t$ に関して変数分離形にすると

$$\frac{dv_z}{dt} = -g - \frac{b}{m}v_z \implies \frac{dv_z}{g + \frac{b}{m}v_z} = -dt.$$

両辺を不定積分すると，積分定数を $C$ として

$$\int \frac{dv_z}{g + \frac{b}{m}v_z} = -\int dt \implies \frac{m}{b}\ln\left(g + \frac{b}{m}v_z\right) = -t + C$$

$$\implies v_z(t) = -\frac{mg}{b} + \frac{m}{b}e^{\frac{bC}{m}} \cdot e^{-\frac{b}{m}t}. \qquad ①$$

初期条件 $v_z(0) = v_{z0}$ を代入すると

$$v_z(0) = -\frac{mg}{b} + \frac{m}{b}\,e^{\frac{bC}{m}} = v_{z0} \iff \frac{m}{b}\,e^{\frac{bC}{m}} = v_{z0} + \frac{mg}{b}.$$

①式に代入して，積分定数 $C$ を消去すると

$$v_z(t) = -\frac{mg}{b} + \left(v_{z0} + \frac{mg}{b}\right) e^{-\frac{b}{m}t}$$

と求まる．

(2) 小問 (1) の答えに対し $t \to \infty$ の極限をとると，$e^{-\frac{b}{m}t} \to 0$ なので

$$\lim_{t\to\infty} v_z(t) = -\frac{mg}{b}.$$

これは，基本例題 3.3 の小問 (2) の答えと一致している．

(3) 与えられた近似式を用いると，落下速度は $b \ll 1$ において

$$\begin{aligned} v_z(t) &\simeq -\frac{mg}{b} + \left(v_{z0} + \frac{mg}{b}\right)\left\{1 + \left(-\frac{b}{m}t\right)\right\} \\ &= v_{z0} - v_{z0}\frac{b}{m}t - gt \end{aligned}$$

と近似される．よって，$b \to 0$ の極限では $v_z(t)$ は $v_{z0} - gt$ に漸近する．これは自由落下の一般的な表式 (3.3) の $z$ 成分と一致している．

**3.2** (1) $r$ は定数で，偏角は時間の関数 $\theta = \theta(t)$ であることを考慮すると，質点の $x$ 座標の時間微分は

$$\frac{dx}{dt} = \frac{d}{dt}(r\cos\theta) = r\,\frac{d\theta}{dt}\,\frac{d}{d\theta}\cos\theta = -r\dot{\theta}\sin\theta$$

となる．$y$ 座標の時間微分も同様に求めると

$$\boldsymbol{v} = \dot{\boldsymbol{r}} = (-r\dot{\theta}\sin\theta, r\dot{\theta}\cos\theta)$$

と求まる．

(2) 位置ベクトルと速度ベクトルのスカラー積は

$$\boldsymbol{r}\cdot\boldsymbol{v} = -r^2\dot{\theta}\sin\theta\cos\theta + r^2\dot{\theta}\sin\theta\cos\theta = 0$$

となる．よって，位置ベクトルと速度ベクトルは直交する．

(3) 速度ベクトルの大きさは

$$|\boldsymbol{v}| = \sqrt{(-r\dot{\theta}\sin\theta)^2 + (r\dot{\theta}\cos\theta)^2} = \sqrt{r^2\dot{\theta}^2(\sin^2\theta + \cos^2\theta)} = r|\dot{\theta}|$$

と計算されるので，題意の $v = r|\omega|$ を示すことができた．

**3.3** (1) i. フックの法則 (3.7) の両辺の次元を調べると

$$[\mathrm{N}] = \mathrm{MLT}^{-2} = [k]\mathrm{L} \implies [k] = \mathrm{MT}^{-2}.$$

ii.　角速度は単位時間当たりに進む位相の大きさなので，その次元は（ラジアン）÷（時間）である．ラジアンは物理的には無次元なので，$[\omega] = \mathrm{T}^{-1}$ である．

iii.　万有引力の大きさを表す式 (3.19) の両辺の次元を調べると

$$[\mathrm{N}] = \mathrm{MLT}^{-2} = [G]\mathrm{M}^2\mathrm{L}^{-2} \implies [G] = \mathrm{L}^3\mathrm{M}^{-1}\mathrm{T}^{-2}.$$

(2)　小問 (1) iii. の答えより，$\sqrt{\frac{R^3}{GM}}$ が時間の次元をもつ物理定数の組合せとなる．これは，係数 $2\pi$ を除いて，基本例題 3.5 で求めた惑星の公転周期と一致している．

**3.4**　(1)　与えられた注意点を考慮すると

$$F_1 = -k_1x_1 + k_2(x_2 - x_1), \quad F_2 = -k_2(x_2 - x_1) - k_3x_2$$

と求まる．

(2)　2 つのおもりのそれぞれに対する運動方程式は $m_1\ddot{x}_1 = F_1$ および $m_2\ddot{x}_2 = F_2$ であるので，それぞれ

$$m_1\ddot{x}_1 = -k_1x_1 + k_2(x_2 - x_1), \quad m_2\ddot{x}_2 = -k_2(x_2 - x_1) - k_3x_2$$

と求まる．

(3)　小問 (2) で求めた運動方程式に $k_1 = k_3 = k$，$m_1 = m_2 = m$ を代入すると

$$m\ddot{x}_1 = -kx_1 + k_2(x_2 - x_1), \quad m\ddot{x}_2 = -k_2(x_2 - x_1) - kx_2.$$

両式の左辺と右辺の，それぞれの和をとると

$$m\ddot{x}_1 + m\ddot{x}_2 = -kx_1 - kx_2 \iff 2m\,\frac{\ddot{x}_1 + \ddot{x}_2}{2} = -2k\,\frac{x_1 + x_2}{2}$$

$$\implies m\ddot{X} = -kX.$$

変数 $X$ に対しては，角振動数 $\sqrt{\frac{k}{m}}$ の単振動の運動方程式を得ることができた．また，両式の左辺，右辺の差をとると

$$m\ddot{x}_2 - m\ddot{x}_1 = -kx_2 + kx_1 - 2k_2(x_2 - x_1)$$

$$\iff m(\ddot{x}_2 - \ddot{x}_1) = -(k + 2k_2)(x_2 - x_1) \implies m\ddot{x} = -(k + 2k_2)x.$$

変数 $x$ に対しては，角振動数 $\sqrt{\frac{k+2k_2}{m}}$ の単振動の運動方程式を得ることができた．

(4)　$x_1$ および $x_2$ が図 (a) のように，同じ振幅と同じ位相を保ったまま振動すると，常に $x_1 = x_2$ が成り立ち，変数 $X$ がもつ対称性を常に保つことになる．この振動の角振動数は $\Omega = \sqrt{\frac{k}{m}}$ である．他方，$x_1$ および $x_2$ が図 (b) のように，同じ振幅ではあるが位相が $\pi$ だけずれたまま振動すると，常に $x_1 = -x_2$ が成り立ち，変数 $x$ がもつ対称性が保たれることになる．この振動の角振動数は $\omega = \sqrt{\frac{k+2k_2}{m}}$ である．変

数 $X$ および $x$ の一般解は，$A$, $a$, $\varPhi$, $\phi$ を $A > 0$, $a > 0$, $0 \leq \varPhi < 2\pi$, $0 \leq \phi < 2\pi$ を満たす定数として

$$X(t) = A\sin(\varOmega t + \varPhi), \quad x(t) = a\sin(\omega t + \phi) \qquad ①$$

で与えられる．そして，$x_1$ および $x_2$ の一般解は，これらの重ね合わせで与えられる．具体的には

$$x_1(t) = X(t) - \frac{1}{2}x(t) = A\sin(\varOmega t + \varPhi) - \frac{1}{2}a\sin(\omega t + \phi),$$
$$x_2(t) = X(t) + \frac{1}{2}x(t) = A\sin(\varOmega t + \varPhi) + \frac{1}{2}a\sin(\omega t + \phi)$$

である．①式で与えられる振動を，連成振動子の**基本振動**または**モード**という．

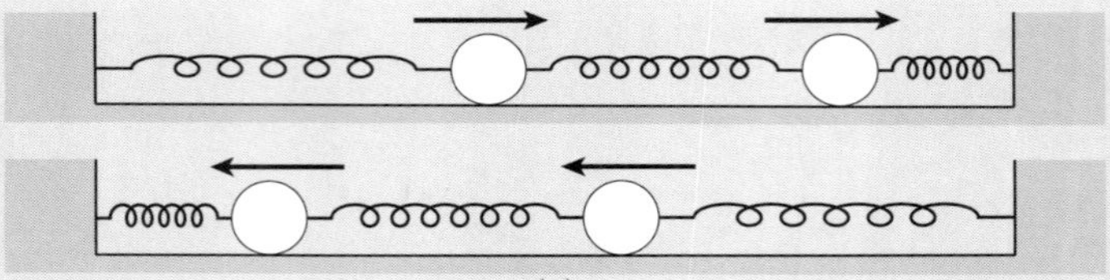

(a)

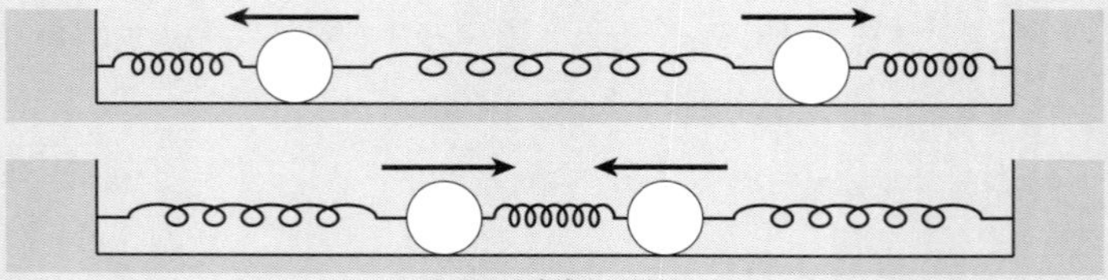

(b)

**3.5** (1) 連成振動子の位置 $x_1$, $x_2$ に，位置の初期条件 $x_1 = 0$, $x_2 = x_0$ を代入すると

$$0 = A\sin\varPhi - \frac{1}{2}a\sin\phi, \quad x_0 = A\sin\varPhi + \frac{1}{2}a\sin\phi. \qquad ①$$

速度 $v_1 = \dot{x}_1$, $v_2 = \dot{x}_2$ に，初期条件 $v_1 = 0$, $v_2 = 0$ を代入すると

$$0 = A\varOmega\cos\varPhi - \frac{1}{2}a\omega\cos\phi, \quad 0 = A\varOmega\cos\varPhi + \frac{1}{2}a\omega\cos\phi. \qquad ②$$

ここで，①式の 2 つの等式の和と差をとることにより

$$2A\sin\varPhi = x_0, \quad a\sin\phi = x_0 \qquad ③$$

が求まる．次に，②式の 2 つの等式の和と差をとることにより，$A\varOmega\cos\varPhi = 0$ および $a\omega\cos\phi = 0$ を得るが，$A$, $a$, $\varOmega$, $\omega$ はいずれも非零の定数なので

$$\cos\varPhi = 0, \quad \cos\phi = 0 \qquad ④$$

が求まる．4 つの定数のとり得る範囲は，それぞれ $A > 0, a > 0, x_0 > 0, 0 \leq \varPhi < 2\pi$ および $0 \leq \phi < 2\pi$ であるので，③式と④式より

$$A = \frac{x_0}{2}, \quad a = x_0, \quad \varPhi = \frac{\pi}{2}, \quad \phi = \frac{\pi}{2}$$

と決まる．

(2) 小問 (1) で求めた 4 つの定数を一般解の式に代入すると

$$x_1(t) = \frac{x_0}{2}\sin\left(\varOmega t + \frac{\pi}{2}\right) - \frac{x_0}{2}\sin\left(\omega t + \frac{\pi}{2}\right) = \frac{x_0}{2}(\cos\varOmega t - \cos\omega t),$$
$$x_2(t) = \frac{x_0}{2}\sin\left(\varOmega t + \frac{\pi}{2}\right) + \frac{x_0}{2}\sin\left(\omega t + \frac{\pi}{2}\right) = \frac{x_0}{2}(\cos\varOmega t + \cos\omega t)$$

のように，$x_1$ および $x_2$ は三角関数の差または和の形で求まる．また，三角関数の公式

$$\cos\alpha + \cos\beta = 2\cos\frac{\alpha+\beta}{2}\cos\frac{\alpha-\beta}{2},$$
$$\cos\alpha - \cos\beta = -2\sin\frac{\alpha+\beta}{2}\sin\frac{\alpha-\beta}{2}$$

を使うと，$x_1$ および $x_2$ は三角関数の積の形で

$$x_1(t) = -x_0\sin\left(\frac{\varOmega+\omega}{2}t\right)\sin\left(\frac{\varOmega-\omega}{2}t\right),$$
$$x_2(t) = x_0\cos\left(\frac{\varOmega+\omega}{2}t\right)\cos\left(\frac{\varOmega-\omega}{2}t\right)$$

と求まる．

(3) $k_2 \ll k$ より $\omega \simeq \varOmega$，すなわち $\frac{\omega+\varOmega}{2} \gg \frac{\omega-\varOmega}{2}$ である．ここで，$x_1(t)$ を

$$x_1(t) = A_1(t)\sin\left(\frac{\omega+\varOmega}{2}t\right), \quad A_1(t) = x_0\sin\left(\frac{\omega-\varOmega}{2}t\right) \qquad ⑤$$

と書き直してみる．すると $x_1(t)$ は，「角振動数が $\frac{\omega+\varOmega}{2}$ で，振幅が $A_1(t)$ の振動」を表すと考えることができる．角振動数 $\frac{\omega+\varOmega}{2}$ の“速い”振動に対して，振幅は角振動数 $\frac{\omega-\varOmega}{2}$ で“ゆっくり”**変調**する，⑤式で表されるような振動を**うなり**という．図に $\sqrt{\frac{k}{m}} = 1$, $\frac{k_2}{k} = 0.1$ とした，$x_1$ と $x_2$ の振る舞いを示す（重ならないように $x_2$ の値をずらして描いている）．$t = 0$ 付近では，初期変位を与えられた $x_2$ が大きな振幅の振動を行い，$x_1$ の振幅は小さい．時間が経過するにつれ，$x_1$ の振幅は増大し，反対に $x_2$ の振幅は減少していく．$x_1$ の振幅が，$x_2$ の初期変位の値に達すると，その振幅は減少に転じる．このように $x_1$ と $x_2$ は交互に大小の振幅の振動を繰り返すことになる．

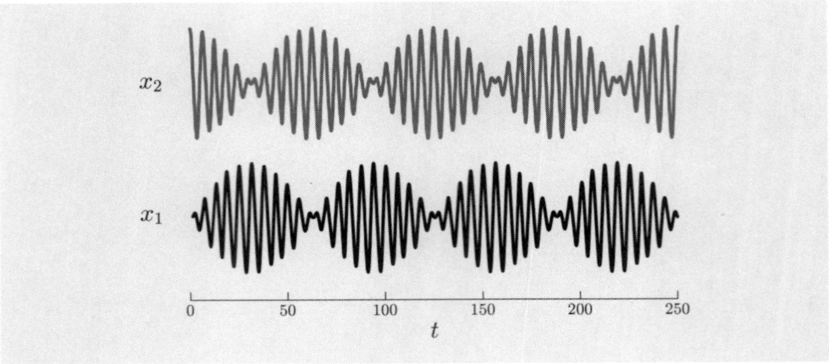


## 第4章

**4.1** (1) i. 三角関数の定義より $\cos\theta = \frac{z}{|\Delta \boldsymbol{r}|}$.

ii. 求める仕事は

$$\Delta W = \boldsymbol{F}_{\mathrm{h}} \cdot \Delta \boldsymbol{r} = |\boldsymbol{F}_{\mathrm{h}}||\Delta \boldsymbol{r}| \cos\theta.$$

これに $|\boldsymbol{F}_{\mathrm{h}}| = mg$ と i. の答えより得られる $|\Delta \boldsymbol{r}| = \frac{z}{\cos\theta}$ を代入すると

$$\Delta W = mg \frac{z}{\cos\theta} \cos\theta = mgz$$

と求まる．

(2) $\boldsymbol{r}_0$ から $\boldsymbol{r}_1$ まで，直線 $z = x$ に沿って積分をすればよい．手が加えるべき力は $\boldsymbol{F}_{\mathrm{h}} = (0, mg)$ なので

$$W = \int_{\boldsymbol{r}_0 \to \boldsymbol{r}_1} \boldsymbol{F}_{\mathrm{h}} \cdot d\boldsymbol{r}' = \int_{\boldsymbol{r}_0 \to \boldsymbol{r}_1} (0 \times dx' + mg \times dz') = mg \int_{\boldsymbol{r}_0 \to \boldsymbol{r}_1} dz'$$

と，変数 $z'$ についての積分だけが残る．積分範囲は $0 \leq z' \leq z$ なので

$$W = mg \int_0^z dz' = mgz.$$

**4.2** (1) 地球は静止しているので，ロケットの運動エネルギー $\frac{1}{2}mv^2$ が系の運動エネルギーとなる．系の位置エネルギーは，地球とロケットの距離が $r$ なので $-\frac{GMm}{r}$ である．以上より，系の力学的エネルギーは

$$E = \frac{1}{2}mv^2 - \frac{GMm}{r}$$

となる．

(2) ロケットの初速を $v_0$ とし，地上 $(r = R, v = v_0)$ と無限遠点 $(r = \infty, v = 0)$ での力学的エネルギーを比較すると

$$\frac{1}{2}mv_0^2 - \frac{GMm}{R} = 0 \iff v_0 = \sqrt{\frac{2GM}{R}}$$

と求まる．よって，第2宇宙速度は $\sqrt{\frac{2GM}{R}}$ で与えられる．

(3) 与えられた物理定数を前問の答えに代入すると

$$\sqrt{\frac{2GM}{R}} \simeq \sqrt{\frac{2 \times 6.7 \times 10^{-11} \times 6.0 \times 10^{24}}{6.4 \times 10^6}}\ \mathrm{m/s}$$
$$\simeq 1.1 \times 10^4\ \mathrm{m/s} = 11\ \mathrm{km/s}.$$

**4.3** (1) 質点が受ける力の水平方向の成分は，進行方向と反対向きにはたらく摩擦力のみなので，加速度を $a$ とすると運動方程式は $ma = -\mu' mg$ となる．よって，$a = -\mu' g$ と求まる．（ただし，停止後は摩擦力を受けなくなるので $a = 0$ である．）

(2) 加速度を積分すると $v = -\mu' gt + C$ と求まる（$C$ は積分定数）．$t = 0$ で $v = v_0$ なので，$C = v_0$ となる．時刻 $t = \frac{v_0}{\mu' g}$ で質点は停止し，以降も停止したままなので，質点の速度 $v(t)$ は

$$v(t) = \begin{cases} -\mu' gt + v_0 & (0 \leq t \leq \frac{v_0}{\mu' g}) \\ 0 & (t > \frac{v_0}{\mu' g}) \end{cases}$$

と求まる．

(3) 質点が進む距離は $0 \leq t \leq \frac{v_0}{\mu' g}$ における速度 $v(t)$ を時間に関して積分すれば求まり，$s(t) = -\frac{1}{2}\mu' gt^2 + v_0 t + C$ となる（$C$ は積分定数）．$t = 0$ で $s = 0$ なので，$C = 0$ と求まる．また，$t > \frac{v_0}{\mu' g}$ では，質点は停止している．それまでに進んだ距離は

$$s\left(\frac{v_0}{\mu' g}\right) = -\frac{1}{2}\mu' g\left(\frac{v_0}{\mu' g}\right)^2 + v_0\frac{v_0}{\mu' g} = \frac{v_0^2}{2\mu' g}.$$

結局，質点が進んだ距離は

$$s(t) = \begin{cases} -\frac{1}{2}\mu' gt^2 + v_0 t & (0 \leq t \leq \frac{v_0}{\mu' g}) \\ \frac{v_0^2}{2\mu' g} & (t > \frac{v_0}{\mu' g}) \end{cases}$$

と求まる．

(4) 運動エネルギーの変化は

$$\Delta K = \frac{1}{2}m \times 0^2 - \frac{1}{2}mv_0^2 = -\frac{1}{2}mv_0^2.$$

(5) 動き始めてから停止するまでの間に，$x$ 軸の負の向きに一定の大きさの摩擦力 $\mu' mg$ がはたらき，質点は $x$ 軸の正の向きに，距離 $\frac{v_0^2}{2\mu' g}$ だけ移動する．よって，摩擦力がする仕事は

$$-\mu' mg \times \frac{v_0^2}{2\mu' g} = -\frac{1}{2}\, m v_0^2$$

となる．これは質点が動き始めてから停止するまでの間の運動エネルギーの変化に等しい．質点が動き始めたときに存在した運動エネルギーは，摩擦により熱や音などのエネルギーに徐々に変換され，最終的に零になる．

**4.4** (1) $2\pi\,\mathrm{rad} = 360°$ なので，$0.1\,\mathrm{rad} = 0.1 \times \frac{360}{2\pi}{}° \simeq 5.7°$.

(2) $\theta = \frac{1}{10}\,\mathrm{rad}$ に対して $\frac{1}{3!}\,\theta^3 = \frac{1}{6000}\,\mathrm{rad}$ である．3 次の項は 1 次の項に対して $\frac{1}{600} \simeq 0.17\%$ 程度の大きさをもつ．

(3) 描画例を図に示す．図では $0° < \theta < 90°$ の範囲を等間隔に 200 分割した値を，横軸の代表点として選んでいる．また，横軸の値をラジアンに変換したもの（$\theta' = \frac{2\pi}{360}\,\theta$）を使い，$\frac{|\sin\theta' - \theta'|}{\sin\theta'} \times 100$ を縦軸の値として使用している．$\theta \simeq 14°$ 程度になると，誤差がようやく 1% 程度になる．$\theta \simeq 40°$ 付近でも，誤差は 10% 以下である．

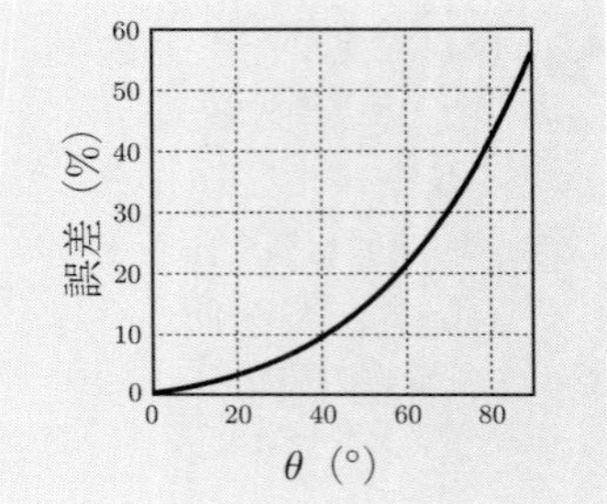


**4.5** 系の運動エネルギーは 2 つの質点がもつそれぞれの運動エネルギーの和である．ばねの位置（自然長からの変位）は，質点 1, および質点 2 に対して，それぞれ $x_1$ および $x_2$ で与えられているので，系の運動エネルギーは $K = \frac{1}{2}\,m_1\dot{x}_1^2 + \frac{1}{2}\,m_2\dot{x}_2^2$ となる．系の位置エネルギーは 3 つのばね 1, 2, 3（ばね係数はそれぞれ $k_1$, $k_2$, $k_3$）による位置エネルギーの和である．3 つのばねの伸び，または縮みの大きさは，ばね 1, 2, 3 の順に $|x_1|$, $|x_2 - x_1|$, $|x_2|$ で与えられるので，系の位置エネルギーは $U = \frac{1}{2}\,k_1 x_1^2 + \frac{1}{2}\,k_2(x_2 - x_1)^2 + \frac{1}{2}\,k_3 x_2^2$ となる．以上より，系の力学的エネルギーは

$$E = K + U = \frac{1}{2}\,m_1\dot{x}_1^2 + \frac{1}{2}\,m_2\dot{x}_2^2 + \frac{1}{2}\,k_1 x_1^2 + \frac{1}{2}\,k_2(x_2 - x_1)^2 + \frac{1}{2}\,k_3 x_2^2$$

と求まる．位置エネルギーの負の勾配から，質点 1 および 2 にはたらく力を計算すると

$$F_1 = -\frac{\partial U}{\partial x_1} = -k_1 x_1 + k_2(x_2 - x_1),$$
$$F_2 = -\frac{\partial U}{\partial x_2} = -k_2(x_2 - x_1) - k_3 x_2$$

と求まる．これらは，第 3 章末の演習問題 3.4 の小問 (1) の答えと一致している．

## 第5章

**5.1** (1) 時刻 $t_1$ および $t_2$ における運動量をそれぞれ $\boldsymbol{p}_1, \boldsymbol{p}_2$ とする．運動方程式 (5.1) の両辺を時間に関して $t_1 \leq t \leq t_2$ の範囲で定積分すると

$$\int_{t_1}^{t_2} \boldsymbol{F}\,dt = I = \int_{t_1}^{t_2} \frac{d\boldsymbol{p}}{dt}\,dt = \int_{\boldsymbol{p}_1}^{\boldsymbol{p}_2} d\boldsymbol{p} = \boldsymbol{p}_2 - \boldsymbol{p}_1.$$

(2) 水平右向きを正の向きとすると，衝突前のボールの速度は $-v$ で，衝突後は $v'$ である．力積は運動量の変化に等しいので，ボールの質量を $m$ とすると

$$I_{前} = m \times 0 - m \times (-v) = mv, \quad I_{後} = m \times v' - m \times 0 = mv'$$

と求まる．よって，$\frac{I_{後}}{I_{前}} = \frac{v'}{v}$ である．

**5.2** (1) ゴムボールの質量を $m$ とすると，力学的エネルギー保存則より，$\frac{1}{2}mv_0^2 = mgh \Longleftrightarrow v_0 = \sqrt{2gh}$．落下を開始した時刻を $t = 0$ とすると，床に衝突する直前のボールの速度は $v = gt$ であるので，$t_0 = \frac{v_0}{g} = \sqrt{\frac{2h}{g}}$ と求まる．

(2) 力学的エネルギー保存則より，$\frac{1}{2}mv_1^2 = mgh_1 \Longleftrightarrow h_1 = \frac{v_1^2}{2g} = \frac{e^2v_0^2}{2g} = e^2h$．また，上昇を始めた時刻を $t = 0$ と考えると，ボールの速度は $v = v_1 - gt$ となる．$t = t_1$ にボールの速さが零になるので，$0 = v_1 - gt_1 \Longrightarrow t_1 = \frac{v_1}{g} = \frac{ev_0}{g} = e\sqrt{\frac{2h}{g}}$ と求まる．

(3) 求める時間は，小問 (1) で求めた $t_0 = \sqrt{\frac{2h}{g}}$ の $h$ を $h_1$ で置き換えた値に等しい：$t_0 = \sqrt{\frac{2h}{g}} \Longrightarrow \sqrt{\frac{2h_1}{g}} = e\sqrt{\frac{2h}{g}}$．この値は $t_1$ に等しい．

(4) 前問までの答えより，ボールが床と衝突するごとに，はね上がる高さは $e^2$ 倍に，はね上がりきる時間は $e$ 倍になる．よって，$t_n = e^n t_0 = e^n\sqrt{\frac{2h}{g}}$ と求まる．

(5) $T$ は無限級数を使って

$$T = t_0 + 2t_1 + 2t_2 + \cdots = t_0 + 2\sum_{n=1}^{\infty} t_n = t_0\left(1 + 2\sum_{n=1}^{\infty} e^n\right)$$

と表すことができる．ここで，無限級数の和の部分は $\sum_{n=1}^{\infty} e^n = \frac{e}{1-e}$ であり，$T$ は

$$T = t_0\left(1 + 2\,\frac{e}{1-e}\right) = \frac{1+e}{1-e}\sqrt{\frac{2h}{g}}$$

と求まる．

**5.3** (1) 質量中心の速度は，その定義式 (5.12) より

$$\dot{\boldsymbol{r}}_{\mathrm{c}} = \frac{m_1\dot{\boldsymbol{r}}_1 + m_2\dot{\boldsymbol{r}}_2}{m_1 + m_2}$$

である．2質点系の全運動量は保存するので，$m_1\dot{\boldsymbol{r}}_1 + m_2\dot{\boldsymbol{r}}_2$ は定ベクトルである．よって，$\dot{\boldsymbol{r}}_\mathrm{c}$ は定ベクトルである．

(2) $\boldsymbol{r}_\mathrm{c1}, \boldsymbol{r}_\mathrm{c2}$ を時間で微分すると

$$\dot{\boldsymbol{r}}_\mathrm{c1} = \dot{\boldsymbol{r}}_1 - \dot{\boldsymbol{r}}_\mathrm{c} = \frac{m_2\dot{\boldsymbol{r}}_1 - m_2\dot{\boldsymbol{r}}_2}{m_1 + m_2}, \quad \dot{\boldsymbol{r}}_\mathrm{c2} = \frac{m_1\dot{\boldsymbol{r}}_2 - m_1\dot{\boldsymbol{r}}_1}{m_1 + m_2} \qquad ①$$

と求まる．

(3) 質量中心系における全運動量 $\boldsymbol{p}_\mathrm{c} = m_1\dot{\boldsymbol{r}}_\mathrm{c1} + m_2\dot{\boldsymbol{r}}_\mathrm{c2}$ に，小問 (2) の答えである①式を代入すると

$$\boldsymbol{p}_\mathrm{c} = m_1\,\frac{m_2\dot{\boldsymbol{r}}_1 - m_2\dot{\boldsymbol{r}}_2}{m_1 + m_2} + m_2\,\frac{m_1\dot{\boldsymbol{r}}_2 - m_1\dot{\boldsymbol{r}}_1}{m_1 + m_2} = 0.$$

(4) i. 質量中心系における全運動量は零なので，衝突後の全運動量を計算することにより

$$m_1\dot{\boldsymbol{r}}'_\mathrm{c1} + m_2\dot{\boldsymbol{r}}'_\mathrm{c2} = 0 \implies \dot{\boldsymbol{r}}'_\mathrm{c1} = -\frac{m_2}{m_1}\,\dot{\boldsymbol{r}}'_\mathrm{c2}. \qquad ②$$

よって題意が示せた．

ii. ①式で，$\dot{\boldsymbol{r}}_2 = 0$ とすればよいので

$$\dot{\boldsymbol{r}}_\mathrm{c1} = \frac{m_2\dot{\boldsymbol{r}}_1}{m_1 + m_2}, \quad \dot{\boldsymbol{r}}_\mathrm{c2} = -\frac{m_1\dot{\boldsymbol{r}}_1}{m_1 + m_2} \qquad ③$$

と求まる．

iii. 衝突前の全運動エネルギー $K = \frac{1}{2}m_1\dot{\boldsymbol{r}}_\mathrm{c1}^2 + \frac{1}{2}m_2\dot{\boldsymbol{r}}_\mathrm{c2}^2$ に③式を代入し，$|\dot{\boldsymbol{r}}_1| = v$ を使うと

$$K = \frac{1}{2}m_1\left(\frac{m_2\dot{\boldsymbol{r}}_1}{m_1 + m_2}\right)^2 + \frac{1}{2}m_2\left(\frac{-m_1\dot{\boldsymbol{r}}_1}{m_1 + m_2}\right)^2 = \frac{1}{2}\,\frac{m_1m_2}{m_1 + m_2}\,v^2$$

と求まる．

iv. 質量中心系における衝突後の運動エネルギーに②式を代入すると

$$\begin{aligned} K' &= \frac{1}{2}m_1\dot{\boldsymbol{r}}'^2_\mathrm{c1} + \frac{1}{2}m_2\dot{\boldsymbol{r}}'^2_\mathrm{c2} = \frac{1}{2}m_1\dot{\boldsymbol{r}}'^2_\mathrm{c1} + \frac{1}{2}m_2\left(-\frac{m_1}{m_2}\,\dot{\boldsymbol{r}}'_\mathrm{c1}\right)^2 \\ &= \frac{1}{2}\,\frac{m_1}{m_2}(m_1 + m_2)\dot{\boldsymbol{r}}'^2_\mathrm{c1}. \end{aligned}$$

衝突は弾性的なので $K = K'$ である．iii. の答えと比較すると

$$K' = \frac{1}{2}\,\frac{m_1}{m_2}(m_1 + m_2)\,\dot{\boldsymbol{r}}'^2_\mathrm{c1} = K = \frac{1}{2}\,\frac{m_1m_2}{m_1 + m_2}\,v^2$$

$$\implies |\dot{\boldsymbol{r}}'_\mathrm{c1}| = \frac{m_2}{m_1 + m_2}\,v$$

が求まる．同様に $|\dot{\boldsymbol{r}}'_\mathrm{c2}| = \frac{m_1}{m_1+m_2}\,v$ が求まる．③式で与えられる，衝突前の速度と比較すると，$|\dot{\boldsymbol{r}}_\mathrm{c1}| = |\dot{\boldsymbol{r}}'_\mathrm{c1}|$ および $|\dot{\boldsymbol{r}}_\mathrm{c2}| = |\dot{\boldsymbol{r}}'_\mathrm{c2}|$ であることがわかる．

よって，弾性衝突では質点の速さは衝突前後で変化しないことが示された．

**5.4** (1) (5.9) 式に無次元変数の定義式 (5.13) 式を代入すると

$$(5.9)\text{ 式の左辺}: v(t) = \frac{dx}{dt} = \frac{V^2}{g}\,\frac{\alpha}{m_0}\,\frac{d\chi}{d\tau},$$

$$(5.9)\text{ 式の右辺}: -gt + V\ln\frac{m_0}{m_0-\alpha t} = -g\,\frac{m_0}{\alpha}\,\tau + V\ln\frac{m_0}{m_0-m_0\tau}.$$

両辺を等値すると

$$\frac{d\chi}{d\tau} = -\left(\frac{m_0 g}{\alpha V}\right)^2\tau - \frac{m_0 g}{\alpha V}\ln(1-\tau)$$

が得られる．これは (5.14) 式に他ならない．

(2) (5.14) 式を

$$\frac{d\chi}{d\tau} = \beta\bigl(\ln e^{-\beta\tau} - \ln(1-\tau)\bigr) = \beta\ln\frac{e^{-\beta\tau}}{1-\tau}$$

と書き直す．$0 \le \tau < 1$ で $\chi(\tau)$ が単調増加関数であるためには，この時間範囲で $\frac{d\chi}{d\tau} \ge 0$，すなわち $e^{-\beta\tau} \ge 1-\tau$ であればよいことになる．いいかえると，関数 $y(\tau) = e^{-\beta\tau} - (1-\tau)$ を考え，この関数が $\tau \ge 0$ で非負になるための $\beta$ の条件を求めればよい．関数 $y(\tau)$ の導関数 $y'(\tau) = -\beta e^{-\beta\tau} + 1$ は $\tau > 0$ で増加関数である．（$\tau = 0$ のとき $y'(0) \equiv -\beta + 1$.）$y(\tau)$ は原点を通るので，$y'(0) = -\beta + 1 \ge 0$ であれば，$\tau \ge 0$ で $y'(\tau) \ge 0$，すなわち $y(\tau) \ge 0$ を満たすことになる．以上より，求める条件は $\beta \le 1$ である．

(3) (5.14) 式に現れる対数関数部分の積分は，新しい変数 $\gamma = 1-\tau$ を導入し，部分積分を行うと，$C$ を積分定数として

$$\begin{aligned}\int \ln(1-\tau)\,d\tau &= -\int \ln\gamma\,d\gamma = -\int \gamma'\ln\gamma\,d\gamma = -\gamma\ln\gamma + \gamma + C\\ &= -(1-\tau)\ln(1-\tau) + (1-\tau) + C.\end{aligned}$$

よって，(5.14) 式の両辺を $\tau$ で不定積分すると

$$\chi(\tau) = -\frac{1}{2}\beta^2\tau^2 - \beta\bigl\{-(1-\tau)\ln(1-\tau) + (1-\tau)\bigr\} + C.$$

初期条件 $\chi(0) = 0$ より $C = \beta$ と決定され，結局

$$\chi(\tau) = \beta\tau - \frac{1}{2}\beta^2\tau^2 + \beta(1-\tau)\ln(1-\tau)$$

と求まる．

**5.5** (1) 鎖の落下運動している部分の質量は $\rho s$ である．よって，鎖の運動量は $\rho s v$，落下部分の鎖にはたらく重力は $\rho s g$ である．これらを 運動方程式 (5.6) に代入すると，運動方程式は

$$\rho s g = \frac{d(\rho s v)}{dt}$$

と求まる．

(2) 微分の記号を書き換えると，運動方程式は $\rho s g = v\,\frac{d(\rho s v)}{ds}$ となる．この式の両辺に $\frac{s}{\rho}$ をかけると

$$s^2 g = sv\,\frac{d(sv)}{ds} = \frac{1}{2}\,\frac{d(sv)^2}{ds} \quad \Longrightarrow \quad 2gs^2\,ds = d(sv)^2 \qquad ①$$

が求まる．この微分方程式は変数 $s$ と $(sv)^2$ の変数分離形になっている．

(3) ①式の両辺を積分すると，積分定数を $C$ として

$$\frac{2}{3}\,gs^3 = (sv)^2 + C.$$

初期条件（$s = 0$ で $v = 0$）より $C = 0$ であり，落下速度は

$$\frac{2}{3}\,gs^3 = (sv)^2 \quad \Longrightarrow \quad v = \sqrt{\frac{2}{3}\,gs}$$

と求まる．

(4) 鎖の微小部分（長さ $ds'$）が，距離 $s'$ だけ落下したとき，失った位置エネルギーの大きさは $(\rho ds')gs'$ である．これを $0 \le s' \le s$ の範囲で積分すればよい．失われた位置エネルギーは

$$\varDelta U = \int_0^s \rho g s'\,ds' = \frac{1}{2}\,\rho g s^2$$

と求まる．

(5) 落下運動している鎖の長さが $s$ のときの，鎖の運動エネルギーは

$$K = \frac{1}{2}\,\rho s v^2 = \frac{1}{2}\,\rho s\,\frac{2}{3}\,gs = \frac{2}{3}\left(\frac{1}{2}\,\rho g s^2\right) = \frac{2}{3}\,\varDelta U.$$

すなわち，失った位置エネルギーの $\frac{2}{3}$ しか運動エネルギーに変換されていない．よって，力学的エネルギーは保存されていないことになる．

## 第6章

**6.1** (1) (6.15) 式左辺の $x$ 成分を計算し，整理すると

$$\begin{aligned}\{\boldsymbol{A}\times(\boldsymbol{B}\times\boldsymbol{C})\}\text{ の }x\text{ 成分} &= A_y\{(\boldsymbol{B}\times\boldsymbol{C})\text{ の }z\text{ 成分}\} - A_z\{(\boldsymbol{B}\times\boldsymbol{C})\text{ の }y\text{ 成分}\}\\ &= A_y(B_xC_y - B_yC_x) - A_z(B_zC_x - B_xC_z)\\ &= A_yB_xC_y + A_zB_xC_z - A_yB_yC_x - A_zB_zC_x\\ &\quad + A_xB_xC_x - A_xB_xC_x\\ &= (\boldsymbol{A}\cdot\boldsymbol{C})B_x - (\boldsymbol{A}\cdot\boldsymbol{B})C_x.\end{aligned}$$

最後の式は $(\boldsymbol{A}\cdot\boldsymbol{C})\boldsymbol{B}-(\boldsymbol{A}\cdot\boldsymbol{B})\boldsymbol{C}$ の $x$ 成分に等しい．以上より，$x$ 成分については，(6.15) 式が成り立つことが示せた．$y, z$ 成分についても，同様に証明することができる．

(2) 与えられた行列式を使って，式変形すると

$$\begin{aligned}\boldsymbol{A}\cdot(\boldsymbol{B}\times\boldsymbol{C}) &= \begin{vmatrix} A_x & A_y & A_z \\ B_x & B_y & B_z \\ C_x & C_y & C_z \end{vmatrix} = -\begin{vmatrix} B_x & B_y & B_z \\ A_x & A_y & A_z \\ C_x & C_y & C_z \end{vmatrix} \\ &= \begin{vmatrix} B_x & B_y & B_z \\ C_x & C_y & C_z \\ A_x & A_y & A_z \end{vmatrix} = \boldsymbol{B}\cdot\begin{vmatrix} \widehat{\boldsymbol{x}} & \widehat{\boldsymbol{y}} & \widehat{\boldsymbol{z}} \\ C_x & C_y & C_z \\ A_x & A_y & A_z \end{vmatrix} \\ &= \boldsymbol{B}\cdot(\boldsymbol{C}\times\boldsymbol{A})\end{aligned}$$

のように $\boldsymbol{A}\cdot(\boldsymbol{B}\times\boldsymbol{C})=\boldsymbol{B}\cdot(\boldsymbol{C}\times\boldsymbol{A})$ が示せた．$\boldsymbol{A}\cdot(\boldsymbol{B}\times\boldsymbol{C})=\boldsymbol{C}\cdot(\boldsymbol{A}\times\boldsymbol{B})$ も同様に示すことができる．

**6.2** (1) ベクトル積の順序を交換し，(6.15) 式を使う：

$$\begin{aligned}(\boldsymbol{A}\times\boldsymbol{B})\times\boldsymbol{C} &= -\boldsymbol{C}\times(\boldsymbol{A}\times\boldsymbol{B}) = -(\boldsymbol{C}\cdot\boldsymbol{B})\boldsymbol{A}+(\boldsymbol{C}\cdot\boldsymbol{A})\boldsymbol{B} \\ &= (\boldsymbol{A}\cdot\boldsymbol{C})\boldsymbol{B}-(\boldsymbol{B}\cdot\boldsymbol{C})\boldsymbol{A}.\end{aligned}$$

(2) (6.16) 式 → (6.15) 式の順に恒等式を利用し，式変形を行う：

$$\begin{aligned}(\boldsymbol{A}\times\boldsymbol{B})\cdot(\boldsymbol{C}\times\boldsymbol{D}) &= \boldsymbol{C}\cdot\big\{\boldsymbol{D}\times(\boldsymbol{A}\times\boldsymbol{B})\big\} = \boldsymbol{C}\cdot\big\{(\boldsymbol{D}\cdot\boldsymbol{B})\boldsymbol{A}-(\boldsymbol{D}\cdot\boldsymbol{A})\boldsymbol{B})\big\} \\ &= (\boldsymbol{A}\cdot\boldsymbol{C})(\boldsymbol{B}\cdot\boldsymbol{D})-(\boldsymbol{A}\cdot\boldsymbol{D})(\boldsymbol{B}\cdot\boldsymbol{C}).\end{aligned}$$

(3) まず (6.15) 式を使うことにより

$$(\boldsymbol{A}\times\boldsymbol{B})\times(\boldsymbol{C}\times\boldsymbol{D}) = \big\{(\boldsymbol{A}\times\boldsymbol{B})\cdot\boldsymbol{D}\big\}\boldsymbol{C}-\big\{(\boldsymbol{A}\times\boldsymbol{B})\cdot\boldsymbol{C}\big\}\boldsymbol{D}.$$

(6.16) 式より，$(\boldsymbol{A}\times\boldsymbol{B})\cdot\boldsymbol{D}=\boldsymbol{A}\cdot(\boldsymbol{B}\times\boldsymbol{D})$, $(\boldsymbol{A}\times\boldsymbol{B})\cdot\boldsymbol{C}=\boldsymbol{A}\cdot(\boldsymbol{B}\times\boldsymbol{C})$ が成り立つので，これらを上式に代入すると

$$(\boldsymbol{A}\times\boldsymbol{B})\times(\boldsymbol{C}\times\boldsymbol{D}) = \big\{\boldsymbol{A}\cdot(\boldsymbol{B}\times\boldsymbol{D})\big\}\boldsymbol{C}-\big\{\boldsymbol{A}\cdot(\boldsymbol{B}\times\boldsymbol{C})\big\}\boldsymbol{D}$$

を得る．

**6.3** (1) 円運動の向心力 $\frac{mv^2}{r}$ が，地球と人工衛星の間の万有引力 $\frac{GMm}{r^2}$ に等しいので

$$\frac{mv^2}{r} = \frac{GMm}{r^2} \iff rv^2 = GM$$

と求まる．

(2) 小問 (1) の答えより $v^2=\frac{GM}{r}$ なので

$$K = \frac{1}{2} mv^2 = \frac{1}{2} m \frac{GM}{r} = \frac{GMm}{2r}.$$

(3) 位置エネルギーは $U = -\frac{GMm}{r}$ なので

$$E = K + U = \frac{1}{2} mv^2 - \frac{GMm}{r} = -\frac{GMm}{2r}$$

と求まる．

(4) 力学的エネルギーを失う（$E' < E$）ので，小問 (3) の答えより

$$E = -\frac{GMm}{2r} > E' = -\frac{GMm}{2r'} \implies r' < r.$$

すなわち，円軌道の半径は小さくなる．

(5) 小問 (1) の答えより，円軌道の半径と速度の 2 乗の積は定数 $GM$ に等しい．よって，半径が小さくなると，速度は増加することになる．

(6) 質量 $m$ の質点が，半径 $r$，速度 $v$ の円運動を行うときの角運動量は，小問 (1) の答えを用いると，$rmv = \frac{GMm}{v}$ と求まる．力学的エネルギーを失った後の速度は増加するので，角運動量は減少することになる．

**6.4** $\boldsymbol{F}$ の $x$ 成分を計算すると

$$-\frac{\partial U}{\partial x} = -\frac{dU}{dr}\frac{\partial r}{\partial x} = -\frac{dU}{dr}\frac{x}{r}.$$

$y$, $z$ 成分も同様に計算することにより

$$\boldsymbol{F} = -\frac{dU}{dr}\frac{1}{r}(x, y, z) = -\frac{dU}{dr}\widehat{\boldsymbol{r}}$$

を得る．ここで $\widehat{\boldsymbol{r}} = \frac{\boldsymbol{r}}{r}$．$\boldsymbol{F}$ は常に固定点（この場合は原点）を通る．また，力の大きさ $|\frac{dU}{dr}|$ も $r$ だけの関数であり，確かに中心力であるための条件を満たしている．

**6.5** (1) 微小時間 $\Delta t$ の間に $\boldsymbol{r}(t)$ が掃く面積は，$\boldsymbol{r}(t)$ と $\boldsymbol{r}(t+\Delta t)$ が作る三角形の面積で近似される（図）．その面積は $\boldsymbol{r}(t)$ と $\boldsymbol{r}(t+\Delta t)$ が作る平行四辺形の面積の半分である．その平行四辺形の面積は，ベクトル積 $\boldsymbol{r}(t+\Delta t) \times \boldsymbol{r}(t)$ の大きさに等しいことから，(6.17) 式の関係が導かれることになる．

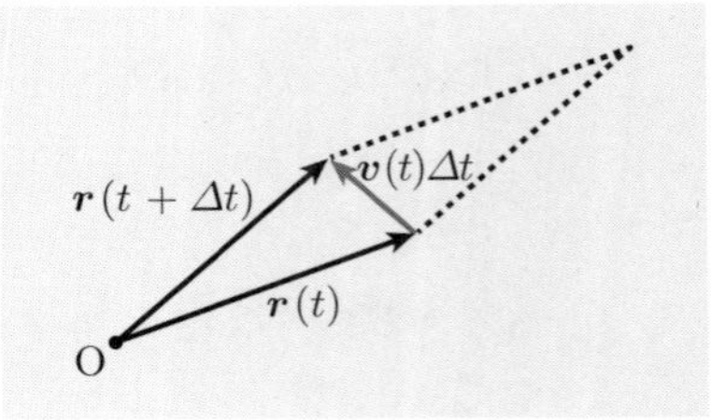


(2) $\boldsymbol{r}(t+\Delta t)$ は $\Delta t$ の 1 次までの近似で，$\boldsymbol{r}(t+\Delta t) \simeq \boldsymbol{r}(t) + \frac{d\boldsymbol{r}}{dt}\Delta t = \boldsymbol{r}(t) + \boldsymbol{v}\Delta t$ と表される．ここで $\boldsymbol{v}$ は速度ベクトルである．これを (6.17) 式に代入することにより

$$\frac{d\boldsymbol{S}}{dt} = \lim_{\Delta t \to 0} \frac{1}{2} \frac{(\boldsymbol{r}(t) + \boldsymbol{v}\Delta t) \times \boldsymbol{r}(t)}{\Delta t} = \lim_{\Delta t \to 0} \frac{1}{2} \frac{\boldsymbol{r}(t) \times \boldsymbol{r}(t) + \boldsymbol{v}\Delta t \times \boldsymbol{r}(t)}{\Delta t}$$

$$= \frac{\boldsymbol{v} \times \boldsymbol{r}(t)}{2} = -\frac{\boldsymbol{r}(t) \times m\boldsymbol{v}}{2m} = -\frac{\boldsymbol{l}}{2m}$$

と求まる．中心力の下での運動では角運動量が一定なので，面積速度の大きさも一定値 $\frac{l}{2m}$ をとることになる．これを**面積速度一定の法則**という．万有引力は中心力であるので，恒星の周りを公転する惑星の運動は，この面積速度一定の法則に従う．この場合は特に，ケプラーの第 2 法則とよばれる．

## 第 7 章

**7.1** (1) 短冊は横幅が微小なので，1 次元の棒であるとみなしてよい．短冊の質量は $\rho b\,dx'$ なので，この部分の慣性モーメントは，導入例題 7.2 の解答より

$$dI_{\mathrm{c}} = \frac{1}{12}\,\rho b\,dx' \times b^2 = \frac{1}{12}\,\rho b^3\,dx'$$

と求まる．

(2) 平行軸の定理を使うと

$$dI_z = \rho b\,dx' \times x'^2 + dI_{\mathrm{c}} = \rho\left(bx'^2 + \frac{1}{12}\,b^3\right)dx'.$$

(3) $dI_z$ を $-\frac{a}{2} \leq x \leq \frac{a}{2}$ の範囲で積分すると

$$\begin{aligned} I_z &= \int dI_z = \int_{-\frac{a}{2}}^{\frac{a}{2}} \rho\left(bx'^2 + \frac{1}{12}\,b^3\right)dx' = \rho\left[\frac{1}{3}\,bx'^3 + \frac{1}{12}\,b^3 x'\right]_{-\frac{a}{2}}^{\frac{a}{2}} \\ &= \rho\left(\frac{1}{12}\,a^3 b + \frac{1}{12}\,ab^3\right) = \frac{1}{12}\,Ma^2 + \frac{1}{12}\,Mb^2 \end{aligned}$$

と求まる．

(4) 板の対称性より，$I_x$ および $I_y$ を $a$ と $b$ の関数と考えると，両者とも同じ関数形，同じ係数をもつことが予想される．また，慣性モーメントの性質から，質量を変化させず，さらに面密度 $\rho$ も均一なまま $x$ 軸方向の板の長さである $a$ を変化させても，$I_x$ は変化しないはずである．これは $I_x$ が $a$ を含まないことを意味する．同様の理由で $I_y$ は $b$ を含まないはずである．さらに，直交軸の定理から $I_z = I_x + I_y = \frac{1}{12}\,Ma^2 + \frac{1}{12}\,Mb^2$ が成り立つ．以上より

$$I_x = \frac{1}{12}\,Mb^2, \quad I_y = \frac{1}{12}\,Ma^2$$

であることが予想される．

(5) 小問 (2) で考えた短冊は，質量が $\rho b\,dx'$ で，$y$ 軸からの距離が $x'$ である．よって，$y$ 軸に関する短冊の慣性モーメントは $dI_y = \rho b\,dx' \times x'^2 = \rho b x'^2\,dx'$ である．$dI_y$ を積分することにより

$$I_y = \int dI_y = \int_{-\frac{a}{2}}^{\frac{a}{2}} \rho b x'^2\,dx' = \frac{1}{12}\,\rho a^3 b = \frac{1}{12}\,Ma^2$$

と求まる．この結果より，小問 (4) の答えとして述べた予想は正しいことが証明された．

**7.2** (1) 球を，$x$–$y$ 平面に平行な円板に薄くスライスする．$z=z'$ の位置にある円板の半径は $r'=\sqrt{R^2-z'^2}$ であり，その部分の質量は，円板の（微小な）厚さを $dz'$ とすると $\rho\pi r'^2\,dz'$ となる．半径 $r$，質量 $m$ の円板の，その中心を円板に垂直に貫く軸に関する慣性モーメントは $\frac{1}{2}mr^2$ であるので，切りとった円板の慣性モーメントは $\frac{1}{2}\times\rho\pi r'^2\,dz'\times r'^2=\frac{1}{2}\rho\pi(R^2-z'^2)^2\,dz'$ となる．この円板の慣性モーメントを $-R\leq z'\leq R$ の範囲で積分することにより，球の慣性モーメントが

$$
\begin{aligned}
I &= \int_{-R}^{R}\frac{1}{2}\,\rho\pi(R^2-z'^2)^2\,dz' \\
&= \int_{0}^{R}\rho\pi(R^4-2R^2z'^2+z'^4)\,dz' \\
&= \rho\pi\left[R^4z'-\frac{2}{3}\,R^2z'^3+\frac{1}{5}\,z'^5\right]_0^R \\
&= \rho\pi R^5\left(1-\frac{2}{3}+\frac{1}{5}\right) \\
&= \frac{3M}{4\pi R^3}\,\pi R^5\times\frac{8}{15}=\frac{2}{5}\,MR^2
\end{aligned}
$$

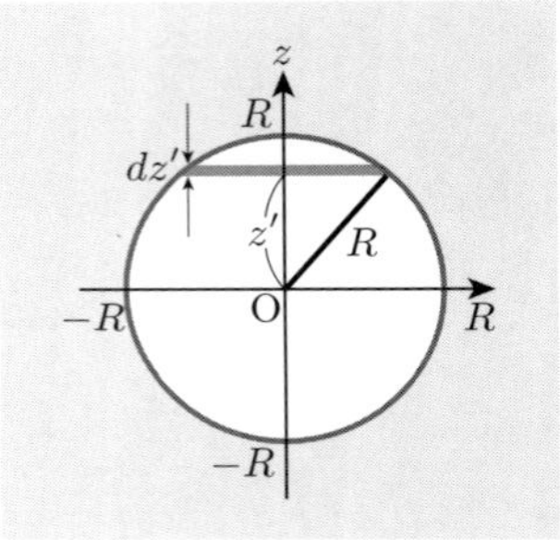


と求まる．

(2) 慣性モーメントの定義より

$$
I_x=\int_{\mathcal{V}}\rho(y^2+z^2)\,d\mathcal{V},\quad I_y=\int_{\mathcal{V}}\rho(x^2+z^2)\,d\mathcal{V},\quad I_z=\int_{\mathcal{V}}\rho(x^2+y^2)\,d\mathcal{V}.
$$

ここで $\mathcal{V}$ は，球の体積部分が占める空間領域を表す．これらを，与式に代入すると

$$
I=\frac{1}{3}(I_x+I_y+I_z)=\frac{2}{3}\int_{\mathcal{V}}\rho(x^2+y^2+z^2)\,d\mathcal{V}.
$$

最後の積分の被積分関数は，原点からの距離 $r=\sqrt{x^2+y^2+z^2}$ だけの関数である．このような球対称性をもつ関数の，（原点を中心とした）球領域の積分は，$d\mathcal{V}=dx\,dy\,dz\to 4\pi r^2\,dr$ として，半径 $r$ の薄い球殻の積分に置き換えることにより容易に実行できる．球の慣性モーメントは

$$
\begin{aligned}
I &= \frac{2}{3}\int_{\mathcal{V}}\rho(x^2+y^2+z^2)\,d\mathcal{V}=\frac{2}{3}\int_0^R\rho r^2\cdot 4\pi r^2\,dr \\
&= \frac{8}{3}\,\pi\rho\int_0^R r^4\,dr=\frac{8}{3}\,\pi\,\frac{3M}{4\pi R^3}\,\frac{1}{5}\,R^5=\frac{2}{5}\,MR^2
\end{aligned}
$$

と計算される．

**7.3** (1) (7.25) 式より，$y=0$ ならば，$a\neq 0$ より $\cos\phi=1$ である．この条件を満たす $\phi$ は，$n$ を整数として $\phi=2\pi n$ である．

(2) $x$ および $y$ の $\phi$ についての導関数は

$$\frac{dx}{d\phi} = a(1-\cos\phi), \quad \frac{dy}{d\phi} = a\sin\phi.$$

よって

$$\frac{dy}{dx} = \frac{dy}{d\phi}\frac{d\phi}{dx} = \frac{\sin\phi}{1-\cos\phi}.$$

(3) $\sin^2\phi = 1-\cos^2\phi = (1-\cos\phi)(1+\cos\phi)$ より

$$\frac{dy}{dx} = \frac{\sin\phi}{1-\cos\phi} = \pm\sqrt{\frac{1+\cos\phi}{1-\cos\phi}}.$$

符号については，$2n\pi < \phi < (2n+1)\pi$ のときに正の符号を，$(2n+1)\pi < \phi < 2n\pi$ のときに負の符号をとればよい．軌道が水平面に近づくとき，$\phi$ は小さい方から $2n\pi$ に近づくので，軌道の傾きは

$$\lim_{\epsilon\to 0}\left.\frac{dy}{dx}\right|_{\phi=2n\pi-\epsilon} = -\lim_{\phi\to 2n\pi}\sqrt{\frac{1+\cos\phi}{1-\cos\phi}} = -\infty.$$

軌道が水平面から離れるときの軌道の傾きは，$\phi$ を大きい方から $2n\pi$ に近づける極限をとればよい：

$$\lim_{\epsilon\to 0}\left.\frac{dy}{dx}\right|_{\phi=2n\pi+\epsilon} = \lim_{\phi\to 2n\pi}\sqrt{\frac{1+\cos\phi}{1-\cos\phi}} = \infty.$$

以上の結果は，「円が滑らずに転がるとき，円と水平面の接点は，水平面に接する直前は垂直に下降し，接した直後は真上に上がっていく」ことを示している．(7.25) 式の軌道を図に示す．

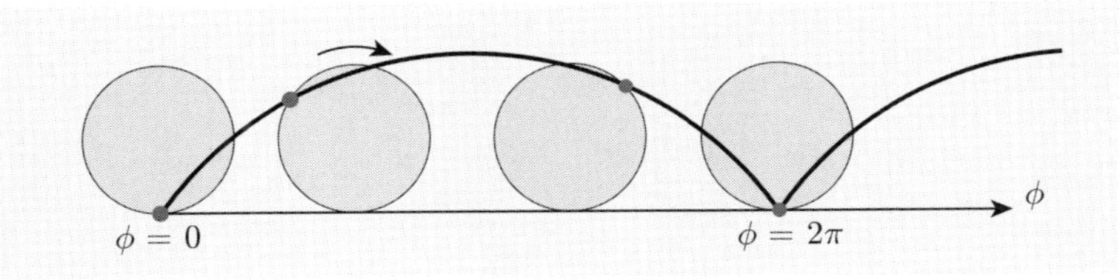


**7.4** 滑らずに転がる場合，摩擦力は仕事をしないので，力学的エネルギーは保存される．このとき，水平面で円柱がもっていた並進運動と回転運動の 2 種類の運動エネルギーは，上りきって円柱の回転が瞬間的に停止するときには，そのすべてが位置エネルギーに変換されていることになる．他方，滑りがある場合は，摩擦が仕事をした分だけ力学的エネルギーが減少するため，上りきったときの位置エネルギーは，水平面を運動していたときにもっていた力学的エネルギーよりも小さい．よって，滑らずに転がり上る方が，高く上ることができる．

**7.5** (1) 円柱の中心軸に関する慣性モーメントを $I$ とする．慣性モーメントは加法性をもつので，半径 $R_2$ の（中身が詰まった）円柱の慣性モーメント $I_2$ から，半径 $R_1$ の円柱の慣性モーメント $I_1$ を引いたものが $I$ に等しくなる．まず，円柱は均一であるため，円柱の長さを $L$，体積を $V$ とすると，密度 $\rho$ は

$$V = \pi R_2^2 L - \pi R_1^2 L \quad \Longrightarrow \quad \rho = \frac{M}{V} = \frac{M}{\pi L(R_2^2 - R_1^2)}$$

と求まる．基本例題 7.1 の解答の後で述べたように，円柱の中心軸の周りの慣性モーメントは $\frac{1}{2}MR^2$ で与えられる．これより

$$I_2 = \frac{1}{2}\rho\pi R_2^2 L \times R_2^2 = \frac{M}{2}\frac{R_2^4}{R_2^2 - R_1^2}, \quad I_1 = \frac{M}{2}\frac{R_1^4}{R_2^2 - R_1^2}$$

と計算され，中空の円柱の慣性モーメントは

$$I = I_2 - I_1 = \frac{M}{2}\frac{R_2^4 - R_1^4}{R_2^2 - R_1^2} = \frac{M}{2}(R_2^2 + R_1^2)$$

と求まる．求めた慣性モーメント $I$ を (7.22) 式に代入すると，落下加速度は

$$\dot{v} = \left(\frac{1}{1 + \frac{I}{MR_2^2}}\right) g\sin\theta = \left(\frac{1}{1 + \frac{1}{2}\left(1 + \frac{R_1^2}{R_2^2}\right)}\right) g\sin\theta$$

と求まる．

(2) 初期状態における力学的エネルギーは，重力による位置エネルギー $Mgh$ のみである．水平面を等速で運動しているとき，並進運動の速度を $v$，回転の角速度を $\omega$ とすると，運動エネルギーは $\frac{1}{2}Mv^2 + \frac{1}{2}I\omega^2$ である．また，このとき質量中心は水平面から $R_2$ の位置にあるので，位置エネルギーは $MgR_2$ となる．力学的エネルギーが保存することと，滑らない条件 $v = R_2\omega$ を使うと，$v$ は

$$\frac{1}{2}Mv^2 + \frac{1}{2}I\omega^2 + MgR_2 = \frac{1}{2}Mv^2 + \frac{1}{2}\frac{I}{R_2^2}v^2 + MgR_2 = Mgh$$

$$\Longrightarrow \quad v = \sqrt{\frac{2(h - R_2)g}{1 + \frac{1}{2}\left(1 + \frac{R_1^2}{R_2^2}\right)}}$$

と求まる．

# 索　引

## あ 行



## か 行



## さ 行

## た 行

## わ 行



## 数字・欧字

## 著者略歴

**香 取 眞 理**
か とり ま こと

1988 年　東京大学大学院理学系研究科博士課程修了
現　在　中央大学教授　理学博士

### 主要著書

『物理数学の基礎』（サイエンス社，共著）
『問題例で深める物理』（サイエンス社，共著）
『例題から展開する電磁気学』（サイエンス社，共著）

**森 山 修**
もり やま おさむ

1998 年　中央大学大学院理工学研究科博士課程修了
現　在　中央大学理工学部講師　博士（理学）

### 主要著書

『詳解と演習 大学院入試問題〈物理学〉』（数理工学社，共著）
『例題から展開する電磁気学』（サイエンス社，共著）

ライブラリ 例題から展開する大学物理学＝1

# 例題から展開する力学

2017 年 5 月 10 日© 初 版 発 行
2019 年 3 月 10 日 初版第2刷発行

著　者　香取眞理　　　発行者　森平敏孝
　　　　森山　修　　　印刷者　大道成則

発行所　株式会社　サイエンス社

〒151-0051　東京都渋谷区千駄ヶ谷 1 丁目 3 番 25 号
営業　☎ (03)5474–8500（代）　振替 00170–7–2387
編集　☎ (03)5474–8600（代）
FAX　☎ (03)5474–8900

印刷・製本　太洋社

《検印省略》



ISBN978–4–7819–1399–5

PRINTED IN JAPAN